개정판

기계제도와 도면해독

호춘기 · 김보영 · 윤양희 공저

PREFACE

기계제도와 도면해독

산업에서 사용하는 제품은 도면을 필요로 한다.

도면을 활용하는 사람인 설계자, 가공 생산자, 측정 품질관리자 등이 도면에 대해 같은 이해를 하고 생산하고 활용되어야 하는데 이런 기준은 KS에 있으며 KS에서는 KS A, KS B에 나타나 있고 여기에는 KS A ISO와 KS B ISO로 규격번호가 시작되는 ISO 규격이 포함된 경우와 아닌 경우가 있는데 여러 가지로 분류되어 있다. 현장에서 도면에 대한 지식을 필요로 하는 사람이나 공부하는 학생은 이런 것들 중에서 필요한 부분만 찾아 학습하기 쉽지 않다. 간혹 도면 보는 법 등의 표현처럼 몇 가지 원리만 알면 될 것처럼 단순하지도 않다.

도면에는 모양을 나타내고 있어야 하며 부품의 재질과 크기를 알 수 있어야 하며 공차 허용 범위를 알 수 있어야 하며 끼워맞춤의 수준을 알 수 있어야 하며 표면의 거칠기 수준을 알 수 있어야 하며 정투상이 아닌 다른 방법으로라도 쉽게 이해할 수 있어야 하되 간략하게 표현해야 하는 어려움을 포함하고 있다.

도면에 대한 여러 가지 것들을 완벽하게 충족하기 어렵더라도 배우는 사람들은 다수가 공감하는 자주 사용하고 많이 활용되어 사용하는 것 위주로 쉽고 빨리 이해하고자 하는 욕구가 있다. 본 교재는 광범위한 기계제도 내용 중 주로 자주 사용하여 알아야 하는 것 위주로 이론 내용을 담았으며 실습과제에서는 도면에 쉽게 접근하도록 스케치부터 도면작성까지 순차적 작성, 실습하는 방법으로 나타내고 선생님이 지도하거나 개인이 스스로 학습이 가능하도록 어려운 부분은 해석을 담았으며 도면작성을 하기 위한 연습문제 제시하고 답변과 해설을 담고 있다.

기계제도에서 기하공차 부분은 독립적 학문 분야이기도 하고 기계제도에서 다뤄지기도 하는데 요즘 산업 트렌드에서는 심미적인 특성도 중요해지고 부품이나 장치의 성능이 엄밀하게 관리되고 요구되어 기하공차가 점차 강화되는 방향으로 개정되고 있다. 본 교재에서는 많은 범위의 기하공차 중 비교적 간략하게 설명하되 핵심적인 내용 위주로 기하공차의 표현, 도면 표시방법, 해석 등에 관해 간략히 나타내었다.

산업 현장과 교육 현장에서 작으나마 기계제도와 도면해독 학습에 도움이 되길 바라는 마음으로 이 책이 쓰여지길 기원합니다.

저자 씀

CONTENTS

기계제도와 도면해독

CONTENTS

CHAPTER 06   치수 기입

CHAPTER 01

기계 제도의 기본

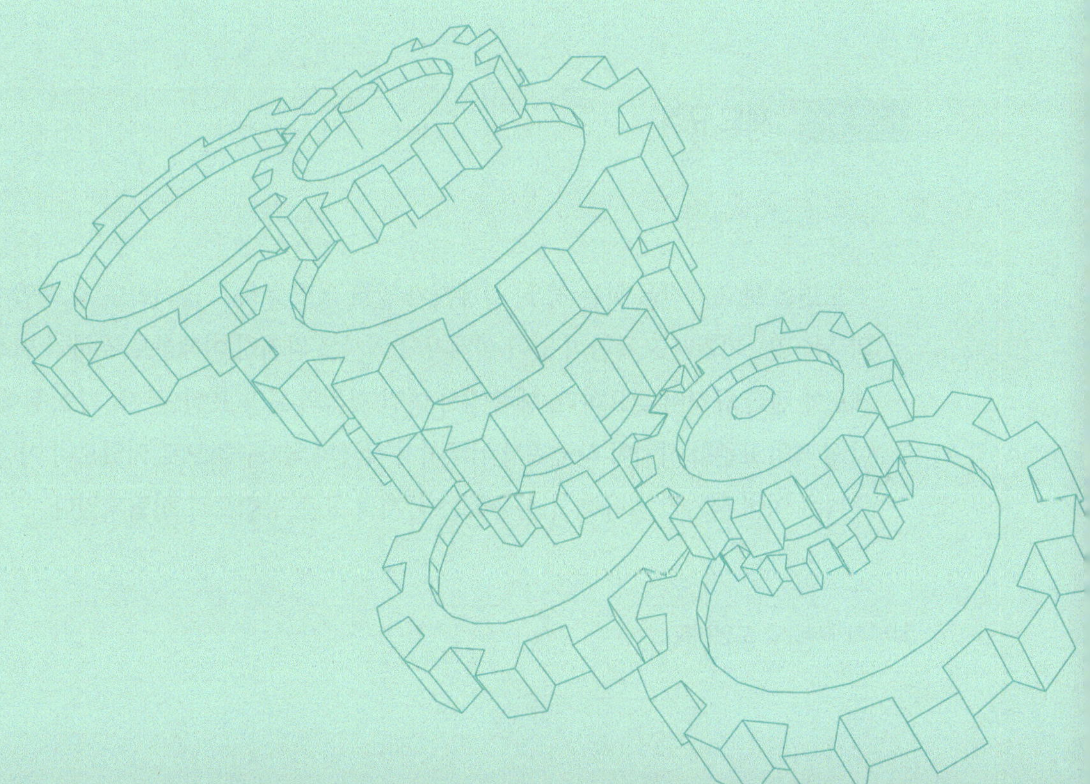

01 기계 제도의 기본

1-1 기계제도의 의의

기계나 부품 등을 새로 제작할 때는 그 기계나 부품의 도면을 만들게 되는데 이러한 도면을 작성하는 작업을 제도(drawing)라 한다. 제도는 선과 문자 및 기호로 구성되며 물품의 모양, 치수, 재료, 가공법, 표면거칠기, 끼워맞춤 등을 일정한 규격에 따라서 쉽게 알아볼 수 있도록 간략하게 표현한 것이다. 제도는 약속된 도법에 따라 나타내야 하며 그려진 도면은 설계자, 가공자, 품질관리(측정)자 등 관계된 누구나 같은 내용으로 해석하고 의미를 이해할 수 있어야 한다. 이러한 조건을 가진 도면은 제도는 부품의 제작에만 필요한 것이 아니고, 취급, 설치, 견적, 판매, 사용설명, 공정관리 등 여러 목적으로 사용된다.

1-2 제도 규격

1-2-1 제도 규격

도면을 보고 제작을 하는 경우, 설계자가 말로 설명을 하지 않더라도 각 작업자가 의문을 일으키거나 오독함이 없이 설계자의 의사를 완전히 이해하도록 하기 위하여 제도에 관한 규격이 필요하다. 제품에서 이런 것들의 모양 표현, 문자, 기호 등에 관한 규격의 표준화 사업이 각국에서 이루어져 각국의 국가규격으로 되었으며 이 국가규격은 여러 국가가 공유해서 사용하는 국제적 표준 방법으로 정립되었다.

각국의 주요 규격	
나라별 규격	**표준규격명**
1) 한국(국가 표준)	1) KS(Korean Industrial Standards)
2) 영국	2) BS(British Standards)
3) 독일	3) DIN(Deutsche Industrie Normen)
4) 미국	4) ANSI(American National Standard Industrial)
5) 일본	5) JIS(Japanese Industrial Standards)
6) 스위스	6) SNV(Schweitzerish Nomen-Vereinigung)
7) 프랑스	7) NF(Nome Francaise)
8) 국제표준화기구	8) ISO(International Organization for standardization)

1-2-1 KS의 분류

KS는 우리 나라의 국가 표준으로 많은 표준에 대해 부문별로 구분하고 있다.

분류 내용은 순서대로 보면 KS A(기본), KS B(기계), KS C(전기), KS D(금속), KS E(광산)으로 되어 있으며 「KS A 0001」 처럼 뒤에는 분류 숫자를 쓰는데 한 가지의 통일된 규칙으로 되어 있지는 않다. 또 KS A 뒤에 ISO를 쓰고 일련번호를 쓰는 경우도 있는데 이것은 우리나라 국가 표준이 ISO에서 제정한 것의 내용을 그대로 도입해서 사용하는 경우이다. 즉, 「KS A ISO128-30」 「제도 — 표시의 일반 원칙 — 제30부: 투상도에 대한 기본 규정」 처럼 ISO 뒤에 일련 숫자를 사용하여 나타내기도 하는데 추세적으로는 ISO를 사용한 표준이 점차 확산되고 있다.

1-2-2 KS의 세부 내용 확인

KS는 방대한 자료로 필요한 내용을 업체나 기관 등에서 보유해서 사용한다. 출력물(제본)이나 파일 형태로 한국표준협회에서 구매하여 사용하거나 인터넷에서 「나라표준인증」 포털에 접속, 검색해서 출력이나 인쇄는 불가능하지만 모니터에서 제한적으로 내용을 확인하여 사용하는 방법이 있다.

도면을 손으로 직접 그려 사용하던 시기에는 종이에 대략의 윤곽을 연필로 먼저 나타낸 후 이 위에 반투명 용지를 덧대고 잉크(먹물)를 드로잉 펜으로 상세하게 작성, 완성하여 사용하였으나 요즘에는 컴퓨터를 이용하여 작업하고 출력하여 사용하므로 쓰지 않는 방법이나 이해를 위해 순서대로 소개하면 도면은 다음과 같이 나눈다.

1-3-1 원도

종이에 연필로 간략히 그리는 최초의 도면으로 도면의 근본이 된다.

1-3-2 트레이스도

원도 위에 트레이싱 페이퍼를 덧댄 후 여러 도구를 이용해 먹물로 그린다. 이것을 트레이스도라 하며 도면을 복사하는 것을 트레이싱이라 한다. 시간을 절약하기 위하여 원도를 생략하고 트레이싱 페이퍼에 직접 그리는 경우도 있다.

1-3-3 복사도

트레이스도를 원도로 하여 감광지에 복사한 것을 복사도라 한다. 복사도는 여러 가지 계획, 작업 설명 시 활용된다.

1-4 도면의 용도에 따른 종류

도면은 사용 목적에 따라 포함된 내용이 다르게 작성되며 이를 내용과 사용 목적에 따라 분류하면 아래처럼 구분한다.

도면의 용도에 의한 분류

종류	설명
계획도	제작도의 시초가 되는 것으로 설계자가 제품을 어떻게 만들겠다는 계획의 뜻을 담은 도면
제작도	제품을 만들 때 사용되는 것으로 설계자의 의도를 공장에서 작업자에게 충분히 전달시키는 도면
주문도	주문하는 사람이 주문 명세서에 붙여 제품의 형상, 기능 등의 개요를 수주자에게 제시하는 도면
승인도	수주자가 주문자의 검토를 거쳐 승인받아 제작 및 계획의 기초로 하는 도면
견적도	견적서에 첨부하여 주문품의 내용을 설명하는 도면으로 기계 제작비의 개요가 알려질 정도로 그려진 것
설명도	구조, 기능, 작동의 원리, 취급 방법 등을 설명하기 위한 도면으로서 주로 취급설명서 등에 사용

도면의 내용에 따른 분류

종류	설명
조 립 도	기계나 구조물의 전체 조립상태를 나타내는 도면
부분조립도	규모가 크고 복잡한 것을 여러 개로 나누어서 조립 상태를 표시한 도면
부 품 도	제작 과정에서 가장 중요한 도면으로 부분품에 대해 아주 상세하게 그린 도면
상 세 도	필요한 부분을 부분적으로 상세하게 표시한 도면
공 정 도	제작도에 쓰이는 공작 공정도, 제조 공정도, 설비 공정도 등의 계통도
결 선 도	전기 기기의 내부, 전기 기기 상호간의 전선의 접속을 표시하는 도면
배 선 도	전선의 배치를 나타내는 시공 도면
배 관 도	파이프의 배치를 나타내는 시공 도면
계 통 도	물, 기름, 가스 등의 접속과 작동 계통을 교시히는 계통 도면

종류	설명
구 조 선 도	기계나 건물 등 철골 구조물의 골조를 선도로 표시한 도면
곡 면 선 도	자동차의 차체, 배의 선체 등의 곡면을 등간격으로 잘라 곡선으로 나타낸 도면
기 초 도	기계나 구조물의 기초 공사를 하기 위해 그린 도면
스 케 치 도	기계나 장치 등을 스케치하여 그린 도면
배 치 도	공장 안에 많은 기계를 설치할 때 각 기계의 위치를 명시한 도면
장 치 도	기계나 보일러 등의 부속품의 설치 상황, 화학 공장에서 각 장치의 배치 및 제조 공정 등의 관계를 나타내는 도면
외 형 도	구조물과 기계 전체의 외형을 표시한 도면

1-5 도면의 크기와 표준

도명은 관리하기가 쉽도록 다음 사항을 규정한다.

1-5-1 도면의 관리

도면의 크기는 제도에 사용된 용지의 가로, 세로 치수로 결정된 것으로 일반적으로 A열 규격 호칭을 사용한다.

도면을 그릴 때에는 길이가 긴 쪽을 가로(좌우) 방향으로 하여 사용하며 출력된 여러장의 도면을 묶어 보관하는 경우 철(여러 장을 묶음으로 만듦)하게 되는데 좌측 가장자리에 철하기 위한 여백이 필요하므로 용지의 가장자리에서 20 mm 떨어지게 윤곽 여백을 주고 윤곽선을 그려 사용한다. 이때 철하지 않는 나머지 세 변의 윤곽 여백은 10 mm이다.

도면은 원도면 상태로 보관하되 만일 큰 도면인 경우에는 말아서 보관하는 것을 기본으로 하며 말아서 보관하는 경우에는 그 안지름을 40 mm 이상으로 하는 것이 좋다.

도면을 접을 때는 그 크기는 원칙적으로 A4로 하고 접은 후에 표제란이 앞으로 보이도록 접는다.

1-5-2 도면의 호칭 크기와 윤곽 여백

도면은 가장 큰 A0부터 가장 작은 A4까지 있으며 긴 쪽을 좌우 방향으로 하여 사용하는 것을 기본으로 한다. 단, A4의 경우에는 긴 쪽을 위아래로 놓고 사용하여도 된다. 변의 가로 크기에 2의 제곱근을 곱한 치수가 세로 크기이다.

도면 호칭	크기(mm) (세로 × 가로)	윤곽 여백	
		왼쪽(철하는 쪽)	나머지(세 변)
A0	841×1189	20	10
A1	594×841	20	10
A2	420×594	20	10
A3	297×420	20	10
A4	210×297	20	10

1-5-3 윤곽

도면에는 테두리를 그려서 도면이 파손되거나 더럽혀져서 문자 또는 그림이 어지러워지는 것을 피하기 위해 KS A 0106(또는 A 5201)에 규정하고 있다. 윤곽(선)은 원칙적으로 치수에 따라 굵은 선에 사용되는 0.7mm 이상의 실선으로 윤곽선을 그린다. 그러나 생략하는 경우도 있다.

1-5-4 표제란

표제란은 도면의 오른쪽 아래 구석에 위치하며 표제란의 규정은 KS A ISO 7200에 있으며 도면의 교환을 촉진하고 표제의 명칭과 그 내용 및 크기(문자의 수)를 정의하여 호환성을 보장하기 위하여 제정된 표준 규격으로 수작업 뿐만 아니라 컴퓨터 기반의 작업에 이용하는 등 모든 종류의 제품에 대한 모든 형식의 문서(도면)에 적용할 수 있도록 했다.

주관부서 (Responsible depart.)	기술책임 (Technical reference)	작성 (Created by)	승인 (Approved by)	
법적 소유자 (Legal owner)		문서형식 (Document type)	문서상태 (Document status)	
		제목/보조제목 (Title, Supplementary title)	AB123 456_7 TPD: technical product documentation	
			개정표시 (Rev.)	발행일자 (Date of issue)	언어 (Lang.)	시트 (Sheet)

그림.1 제품의 기술 문서(TPD)-표제란의 정보구역과 표제(KS A ISO 7200)에서 규정한 표제란

하지만 현장에서는 대략 각 업체마다 독자적인 형식을 채택하고 있으며 원칙적으로 도면번호, 도명, 기업(단체)명, 책임자서명(도장), 도면의 척도, 작성 년 월 일 및 투상법 등을 기입한다.

그러므로 실제 현장에서는 표제란에 사용되는 내용은 업체마다 사용되는 표제란 양식을 사용하되 크기는 도면의 호칭과 무관하게 공통으로 가로 180 mm로 하여 정보화 기술문서 접근에 유사하도록 사용하는 것을 권장한다. 여기서 180 mm은 A4 도면에 적용 시 210 mm를 가로 방향으로 할 때 좌측 철하는 여백 20 mm, 우측 10 mm를 합한 30 mm를 제외한 남은 크기가 180 mm로, 이 기준에 모든 도면의 표제란 크기를 맞춘 것이라 할 수 있다.

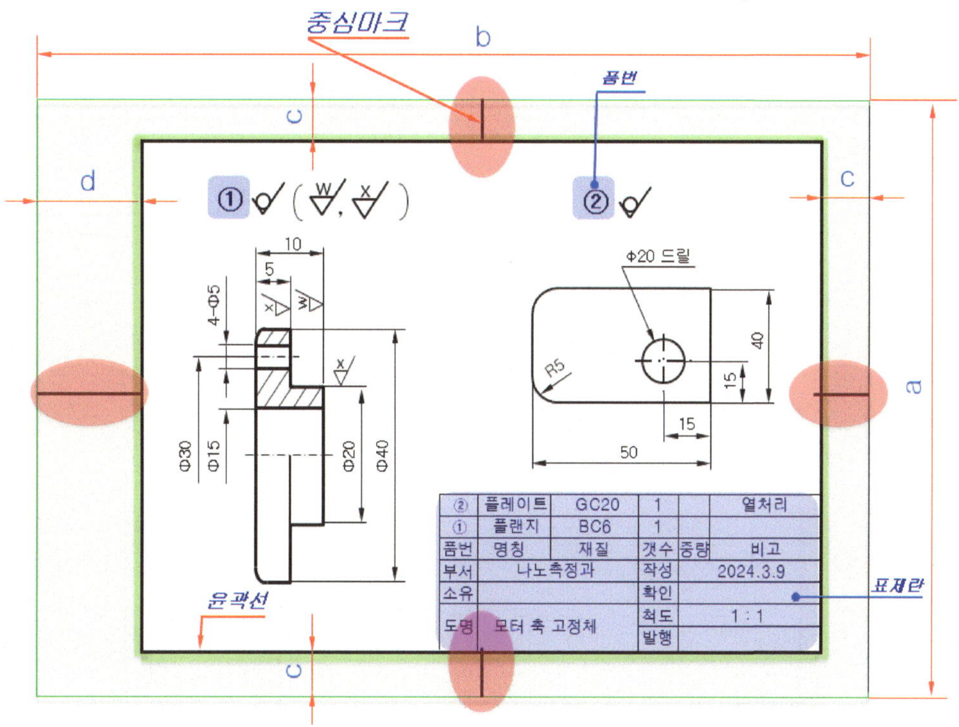

1-5-5 중심마크

도면의 마이크로필름 촬영, 복사 등의 편의를 위하여 도면에 중심마크를 한다. 중심마크는 용지 네 변의 중앙에 윤곽선에서 바깥으로 굵은 실선 0.7 mm의 직선으로 그리며 길이 방향으로 연장한 도면 등과 같이, 분할하여 마이크로필름으로 촬영할 필요가 있는 것에 대하여는 한 화면에 촬영하는 영역마다 중심마크를 한다.

1-5-6 구역 표시

도면에 나타낸 내용의 상세, 추가, 수정 등의 위치를 알기 쉽도록 윤곽선에서 바깥 방향으로 용지를 여러 칸의 구역으로 나눈다.

1) 도면크기에 따른 구역의 수

구분	A0	A1	A2	A3	A4
긴 변	24	16	12	8	6
짧은 변	16	12	8	6	4

2) 구역표시 도면

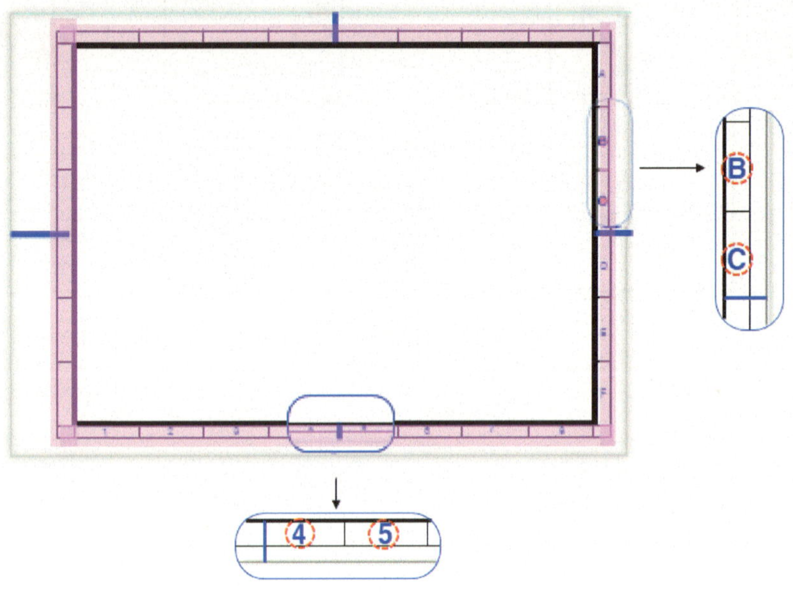

- 각 구역은 용지의 위쪽에서 아래쪽으로는 대문자 (I와 O는 사용 금지)로 표시
- 왼쪽에서 오른쪽으로는 숫자로 표시
- 한 구역의 길이는 50 mm(중심마크에서 시작)
- 구역표시의선은 윤곽선 바깥쪽으로 그리고 굵기는 0.35 mm
- 문자, 숫자의 크기는 3.5 mm

1-6   문자와 척도, 치수

1-6-1 도면에 사용하는 문자

(KS A ISO 5455)

1) 글자는 명확히 쓰고 글자체는 고딕체를 사용, 수직 또는 15° 경사로 하는 것을 원칙(KS 0001)
2) 크기는 2.24 mm, 3.15 mm, 4.5 mm, 6.3 mm, 9 mm의 다섯 가지 수열이 있다.
3) 직립체로 사용되는 가로 세로 크기는 동일(KS 0001)
   경사체로 사용되는 가로 세로 크기는 1: 1.414 (KS 0001)
4) 문자의 선 굵기는 크기의 1/9 굵기 사용(예, 크기 6.3 → 굵기 0.7mm)

1-6-2 척도

척도는 "대상물의 실제 치수"에 대한 "도면에 표시한 대상물"의 비를 말한다.

척도에는 현척, 축척, 배척이 있으며 척도는 A:B로 표시한다. 여기서 A는 그린 도형의 길이이며 B는 대상물의 실제 길이를 표시하며 도면에 사용된 척도를 표제란에 기입한다.

1) 배척이란 1:1 보다 큰 척도, 비가 크면 척도가 크다고 한다

축척이란 1:1 보다 작은 척도, 척도의 비가 작으면 척도가 작다고 한다.

현척이란 1:1의 척도 비를 말한다.

하나의 도면에 서로 다른 척도를 사용할 필요가 있는 경우에는 주요 척도를 도면의 표제란에 기입하고 그 외의 척도는 부품 번호 또는 상세도(또는 단면도)의 부근에 기입한다.

2) 부품 번호 또는 상세도에 기입하는 경우(주요 척도와 다른 상세도에 별도의 척도를 사용하는 경우)

- 현척(現尺)의 경우 「척도 1 : 1」
- 배척(培尺)의 경우 「척도 x : 1」
- 축척(縮尺)의 경우 「척도 1 : x」라고 기입하며 만약 잘못 읽을 우려가 없을 경우는 「척도」의 문자는 생략하고 척도 비율만 적어도 된다.

3) 척도에 관한 일반 사항

- 축척, 배척으로 투상하였더라도 도면 기입 치수는 실제의 치수를 기입한다.
- 그림의 형태가 치수에 비례하지 않을 때에는 적당한 장소에 "비례척이 아님" 혹은 "NS"로 표시하며 그 이유를 적당한 곳에 명기한다.

4) 제도에 사용할 척도

종전부터 사용해왔던 '란'의 '1란', '2란'은 개정된 KS에서는 사용하지 않으며(기준이 삭제되었으나 혼돈 방지를 위해 표현함) 특히 '2'란은 권장 척도 내용도 삭제되어 아래 표에 제시된 것만 단일 기준으로 사용된다.

척도	란	권장 척도
축척 (1:x)	1	1:2 1:5 1:10 1:20 1:50 1:100 1:200 1:500 1:1000 1:2000 1:5000 1:10000
	2	폐지됨
현척		1:1
배척 (x:1)	1	2:1 5:1 10:1 20:1 50:1
	2	폐지됨

1-6-3 치수 표시 방법

(KS B ISO 129-1)

도면에 기입하는 치수의 단위는 길이와 각도의 두 가지가 있다.

1) 길이의 단위 표시

치수는 한 가지 치수 단위만을 사용하여 표시하여야 하고 치수에 대해서는 SI 단위를 사용하여야 한다.

도면에 사용된 길이의 치수(숫자) 단위는 모두 밀리미터(mm)이지만 그 단위 기호 mm 는 붙이지 않는다.

치수 수치의 자릿수가 많은 경우 아래 보기처럼 3자리마다 숫자의 사이를 적당히 띄우고 콤마는 찍지 않는다.

보기: 「342 547」, 「1 325」

2) 각도의 단위 표시

- 각도는 도(°)로 단위로 기입하고 필요한 경우 분('), 초(")를 함께 사용
- 도, 분, 초를 표시하는 데에는 숫자의 오른쪽 어깨에 각각 °, ', "를 기입
- 각도를 라디안 단위로 기입하는 경우에는 그 단위기호 rad를 기입

보기 : 「36.4」, 「22.5°」, 「6° 21′5″」, 「8′21″」, 「0.54 rad」

제도용 기구와 용지

1-7-1 제도기용 기구

제도에 사용되는 기구로는 컴퍼스(원을 그릴 때 사용), 디바이더(치수를 다른 위치에 옮겨 표시하거나 선을 같은 길이로 등분하여 나눌 때 사용), 먹줄펜(수작업으로 먹물을 이용한 펜으로 사도지에 도면을 그릴 때 사용), 제도판과 제도대(수작업으로 제도 용지에 도면을 그릴 때 받침으로 사용하는 기구), T자(T 모양으로 된 자로 제도대에 같이 사용하여 수평과 수직을 일정하게 쉽게 나타낼 수 있는 자), 삼각자, 곡선자(원 외의 포물선이나 불규칙한 곡선 등을 본떠서 그리는 데 사용되는 자로 운형자라고도 함), 템플릿(여러 도형 등을 본떠서 쉽게 수작업으로 그릴 수 있는 판) 등이 있다.

1-7-2 제도용지

1) 백상지

켄트지라 불리우는 제도지로서 주로 스케치용으로 사용하며 규격은 단위 면적당 무게로 표시한다.

2) 사도지

트레이싱지라 불리며 수작업으로 먹물 펜으로 완성된 도면을 그릴 때 사용한다. 사도지는 표면과 이면이 구분되며 매끄러운 면에 제도하여야 한다.

3) 사도천

헝겊 트레이싱지로서 얇은 천의 양면에 매끈하도록 비닐을 입혀서 만든 것으로 우리나라에서는 잘 사용하지 않는다.

4) 사도필름

트레팔지라고도 하며 마이크로필름을 만들기 위한 원도의 제도용지로 사용, 투명 플라스틱판의 양면에 매끄러운 비닐을 입힌 것으로 습기가 많은 곳에서 주로 사용되고 있다.

5) 방안지

일반적으로 모눈종이라 부르고 현장에서 스케치용으로 주로 쓰이며 1 mm 간격, 5 mm 간격으로 되었으며 일반적으로 직각방안지를 쓰나 5 mm 간격은 사선(대각선)방안지를 사용하기도 한다. 사선방안지는 등각도나 입체도를 그릴 때 편리하다.

기계제도와 도면해독

CHAPTER 02

제도에 사용하는 선

(KS B 0001 기계제도)

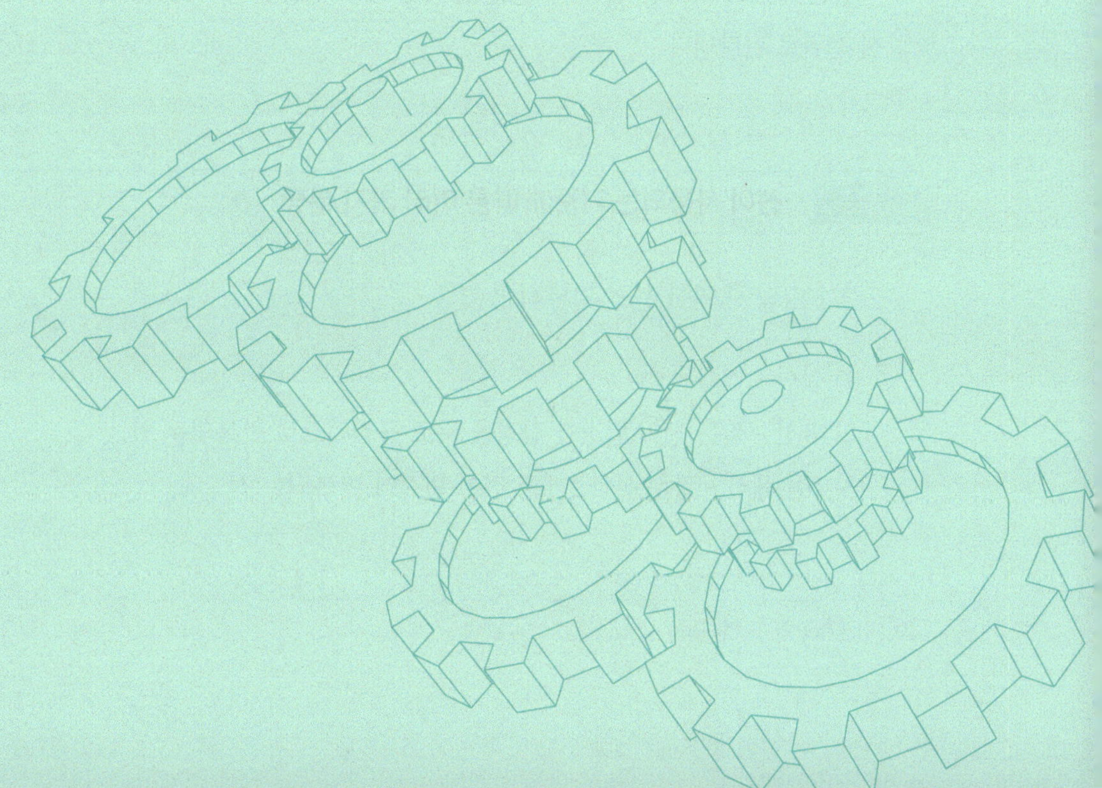

02 제도에 사용하는 선

2-1　선의 종류와 용도

(KS B 0001, KS A ISO 128-40)

선이 사용되는 굵기의 기준은 0.13 mm, 0.18 mm, 0.25 mm, 0.35 mm, 0.5 mm, 0.7 mm, 1 mm, 1.4 mm, 2 mm로 이 중에서 선택하여 사용한다.

제도에서 사용하는 선의 명칭에 따라 굵기 비율이 다른데 가는 선, 굵은 선, 아주 굵은 선의 굵기 비율은 1:2:4로 한다. 이때 하나의 도면 내에서 동일 명칭으로 사용되는 선의 굵기는 같아야 한다. (매우 굵은 실선_얇은 단면적용 : KS A ISO 128-50)

도면 내 동일 위치에서 2 종류 이상의 선이 겹치는 경우는 우선순위가 앞선 하나의 선을 사용해서 나타낸다.

선은 차례로 외형선, 숨은선, 절단선, 중심선, 무게중심선, 치수보조선 순서의 우선 순위로 나타낸다.

2-2　선이 사용되는 기준에 따른 여러 가지 분류

2-2-1 모양에 의한 선의 기본적인 분류

1) 실선 - 연속된 선

2) 파선 - 짧은 선이 일정한 간격을 두고 규칙적으로 반복되는 선

3) 1점 쇄선 - 짧은 선과 1개의 점이 번갈아 반복되는 선

4) 2점 쇄선 - 짧은 선과 2개의 점이 서로 섞여서 규칙적으로 반복되는 선

5) 선의 명칭별 모양

명칭	실선	파선	1점 쇄선	2점 쇄선
모양	———	- - - - - -	—·—·—·—	—··—··—

2-1-2 선의 종류별 용도와 명칭 및 적용 참조

1) 굵은 실선의 종류 및 적용

선의 종류	적용 요소(용도에 의한 명칭)	참조
굵은 실선	ⓐ 물체의 보이는 부분 모양을 나타내는 선(외형선)	ⓐ ~ ⓓ

굵은 실선의 적용 및 설명

구분	제품	적용	설명
ⓐ			물체의 외형
ⓑ			물체의 경계
ⓒ			나사산의 윤곽
ⓓ			완전나사부와 불완전나사부의 경계

2) 가는 실선의 종류 및 적용

선의 종류	적용(용도에 의한 명칭)	참조
가는 실선	ⓐ 치수를 기입하기 위한 선(치수선)	ⓐ
	ⓑ 치수선을 나타내기 위해 도형으로부터 끌어내는 선(치수 보조선)	ⓑ
	ⓒ 설명이나 기호 등을 표시하기 위해 끌어내는 선(지시선)	ⓒ
	ⓓ 도형 내부를 단면하여 90° 회전시켜 내부에 나타낼 때 윤곽을 나타내는 선 (회전 단면선)	ⓓ
	ⓔ 길이가 짧은 형태의 중심을 간략히 나타내는 선(중심선_길이가 짧은 곳에 간략히 사용하는 중심선)	ⓔ
	ⓕ 탱그나 용기 등의 수면 또는 유면의 위치나 한계를 나타내는 선(수준면선)	

가는 실선의 적용 및 설명			
구분	제품	적용	설명
ⓐ			치수를 표시하기 위한 치수선
ⓑ			치수선을 나타내기 위한 치수보조선
ⓒ			내부를 회전단면하여 제품 내부에 표시하는 경우의 윤곽선

구분	제품	적용	설명
ⓓ			내부를 회전단면하여 제품 내부에 표시하는 경우의 윤곽선
ⓔ			여러 개의 구멍의 중심 위치를 간략히 나타낼 때 사용하는 중심선

3) 파선의 종류 및 적용

선의 종류	적용	참조
가는 파선, 굵은 파선	ⓐ물체의 보이지 않는 부분의 모양을 나타내는 선(숨은선_보이지 않는 곳의 선)	ⓐ
	ⓑ요소 전체 열처리 부위 지정(특수 지정선)	ⓑ

가는 파선과 굵은 파선의 적용

구분	제품	적용	설명
ⓐ			보이지 않는 윤곽
ⓑ			열처리 허용부위 지정

4) 가는 일점쇄선의 종류 및 적용

선의 종류	적용		참조
가는 일점쇄선	ⓐ 물체의 중심을 나타내는 선(중심선)		ⓐ-1, ⓐ-2
	ⓑ 부품이 회전하여 중심이 이동한 궤적을 중심을 나타내는 선(중심선)		ⓑ
	ⓒ 동일하게 반복되는 도형의 피치를 나타내기 위한 기준을 나타내는 선(피치선)		ⓒ
	ⓓ 치수기입 등의 위치 근거가 필요할 때 나타내는 선 [수준면선의 근거 위치로 부터 치수기입](기준선)		ⓓ

가는 일점쇄선의 적용 및 설명

구분	제품	적용	설명
ⓐ-1			중심선
ⓐ-2			중심선 및 대칭선
ⓑ			회전 시 중심이 이동하는 궤적 (지나는 흔적)
ⓒ			원주상 배열된 구멍의 중심점을 지나는 피치원
ⓓ			기어 피치원에 사용된 선

5) 굵은 일점쇄선의 종류 및 적용

선의 종류	적용	참조
굵은 일점쇄선	ⓐ특수한 가공(열처리 등), 요구사항 등을 표시한 제한된 범위를 표시하는 선(특수지정선)	ⓐ-1 ⓐ-2

굵은 일점쇄선의 적용 및 설명

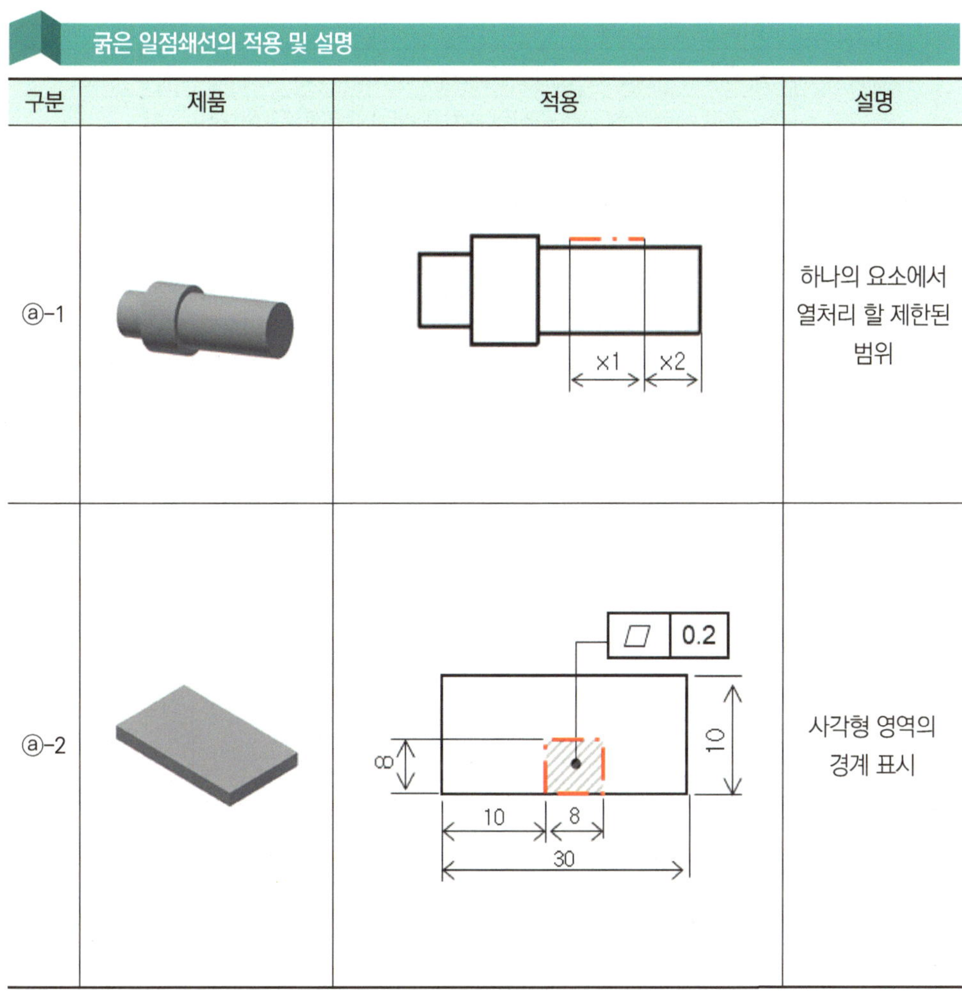

구분	제품	적용	설명
ⓐ-1			하나의 요소에서 열처리 할 제한된 범위
ⓐ-2			사각형 영역의 경계 표시

6) 가는 이점 쇄선의 종류 및 적용

선의 종류	적용	참조
가는 이점 쇄선	ⓐ인접한 조립품의 경계를 나타내는 선	ⓐ
	ⓑ부품이 회전시 이동한 한계 위치를 나타내는 선	ⓑ
	ⓒ가공 전 또는 후의 윤곽을 나타내는 선	ⓒ-1 ⓒ-2
	ⓓ되풀이되는 형상을 간략히 윤곽한계로 나타내는 선	ⓓ
	ⓔ렌즈가 통과하는 광축을 나타내는 선(광축선)	ⓔ
	ⓕ가로나 세로 방향 무게 중심의 위치를 나타내는 선(무게중심선)	
	ⓖ가공, 측정시 공구나 지그 등 위치를 나타내는 선	ⓖ

가는 이점 쇄선의 적용 및 설명

구분	제품	적용	설명
ⓐ			두 부품이 조립된 후 상대부품의 인접 부위
ⓑ			회전 시 이동 한계 위치
ⓒ-1			가공 전의 윤곽 표시

구분	제품	적용	설명
ⓒ-2			가공 후의 윤곽 표시
ⓓ			반복되는 형상을 간략하게 윤곽한계 표시
ⓔ		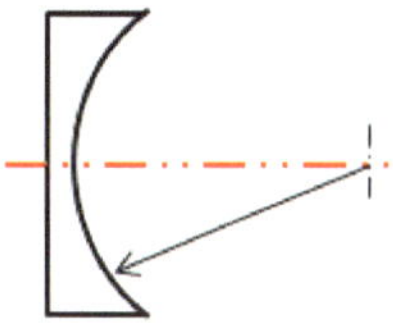	렌즈가 통과하는 광축
ⓕ	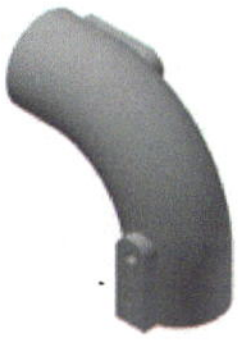	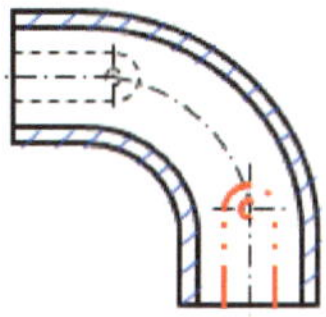	단면 투상 시 단면하기 이전 제품의 겉모양을 동시에 표시
ⓖ		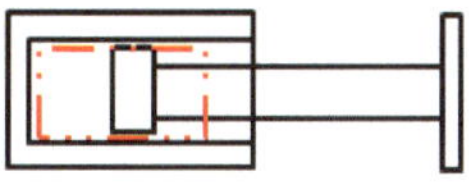	결합되어 상대 운동할 때 움직이는 범위

7) 지그재그선 또는 불규칙한 파형의 가는 실선의 종류 및 적용

선의 종류	적용	참조
지그재그선 또는 불규칙한 파형의 가는 실선	ⓐ대상물의 일부를 파단한 경계 또는 일부를 나타내는 선(파단선)	ⓐ-1 ⓐ-2

지그재그선 또는 불규칙한 파형의 가는 실선의 적용 및 설명

구분	제품	적용	설명
ⓐ-1	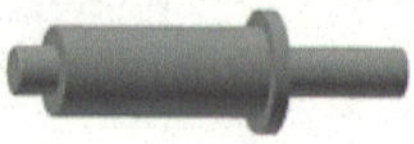	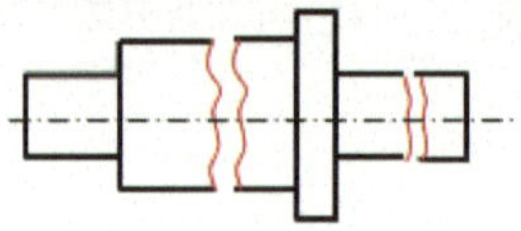	길이를 절단, 생략시켜 나타내는 자유실선 (손으로 작도)
ⓐ-2	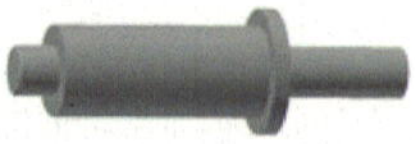	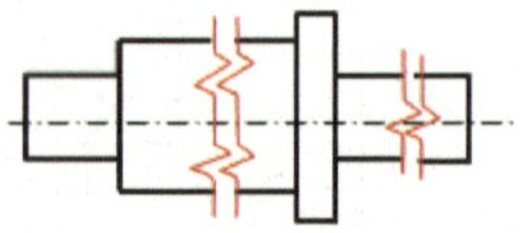	길이를 절단하여 생략을 나타내는 지그재그 가는 실선 (기계적으로 작도)

8) 가는 일점쇄선의 종류 및 적용

선의 종류	적용	참조
가는 일점쇄선의 끝부분 및 방향이 변하는 부분을 굵게 한 선	ⓐ단면도의 절단 위치와 절단 경로를 나타내는 선(절단선)	ⓐ

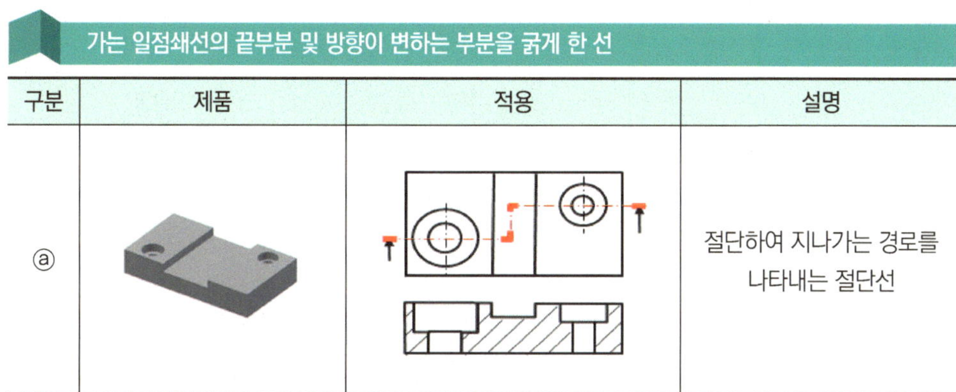

구분	제품	적용	설명
ⓐ			절단하여 지나가는 경로를 나타내는 절단선

가는 일점쇄선의 끝부분 및 방향이 변하는 부분을 굵게 한 선

9) 가는 실선의 종류 및 적용

가는 실선을 규칙적으로 사용한 선의 종류 및 적용

선의 종류	적용	참조
가는 실선을 규칙적으로 사용한 선	ⓐ단면도에서 절단면을 나타내는 선(해칭선)	ⓐ

가는 실선을 규칙적으로 사용한 선의 적용 및 설명

구분	제품	적용	설명
ⓐ			절단한 면을 나타내는 해칭

10) 아주 굵은 실선의 종류 및 적용

선의 종류	적용	참조
아주 굵은 실선	ⓐ아주 얇은 부품을 두께 방향으로 투상할때 나타내는 선(특수한 용도의 선)	ⓐ

구분	제품	적용	설명
ⓐ			아주 얇은 두께의 투상선

11) 가는 실선의 기타 종류 및 적용

선의 종류	적용	참조
가는 실선	ⓐ(테이퍼에서)위치를 보조적으로 나타내는 경우 선(특수한 용도의 선)	ⓐ
	ⓑ평면이란 것을 나타내는 모서리를 연결한 대각선(특수한 용도의 선)	ⓑ
	ⓒ외형선 끝에서 추세를 연장해서 나타내는 선(특수한 용도의 선)	ⓒ

기타 가는 실선의 적용 및 설명

구분	제품	적용	설명
ⓐ			테이퍼 형체에서 지정 위치에서 크기를 나타내기 위해 나타내는 선
ⓑ			회전체(원)와 평면이 결합된 형태에서 평면 부위의 표시
ⓒ			직선이 교차하는 보조선

CHAPTER 03

투상법

03 투상법

투상법이란 물체의 모양, 크기 등을 규격으로 표현하는 방법을 말한다.

 투상법의 분류

투상법에는 물체를 나타내는 원리에 따라서 두께가 있는 제품을 평행하게 나타내거나 원근감 있게 나타내거나 수직하게 나타내거나 경사진 방향으로 나타내거나 그림을 배치하는 방법 등에 따라 여러 가지로 분류한다.

선을 투사선, 그림이 찍혀지는 평면을 투상면, 그려진 그림을 투상도라 한다. 투상도는 눈의 위치나 물체의 놓는 방법에 따라 그림의 형태나 크기가 달라진다.

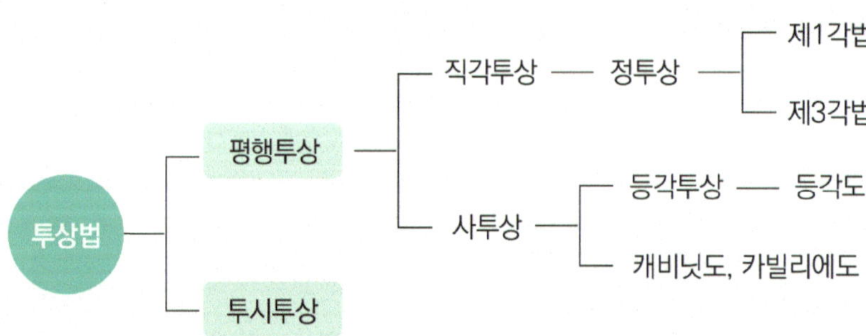

투상법을 분류하여 보면 위와 같다.

3-1-1 평행투상

시점에 위치가 무한히 먼 곳에 있어서 투사선끼리 서로 평행으로 나아갈 때 수직하면서 평행하게 나가거나(직각투상) 기울어진 각도 방향으로 평행하게 나가는(사투상) 투상법을 평행투상이라 한다. 정투상은 평행투상이면서 직각으로 투상하는 방법이고 제3각법은 정투상 방법 중 하나이다.

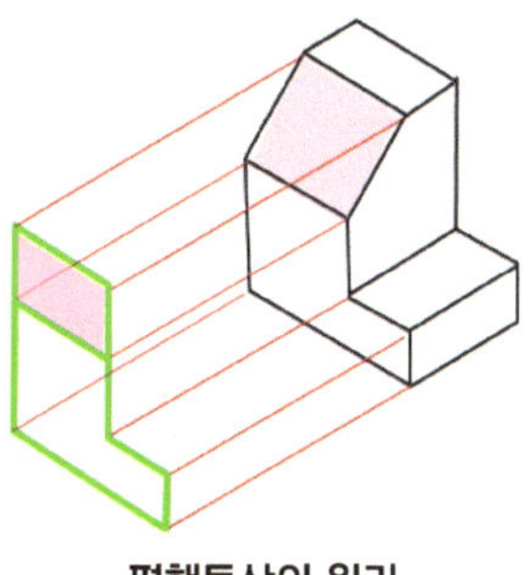

평행투상의 원리

3-1-2 투시투상

시점의 위치가 투상면으로부터 가까운 것에 있어 투사선이 방사선으로 한 점에서 방사될 때의 투상법을 중심투상 또는 투시투상이라 한다.

평행투상 중 투사선이 투상면과 수직으로 만나는 것을 직각투상이라 하며, 투사선이 서로 기울어진 것을 투시투상이라 한다.

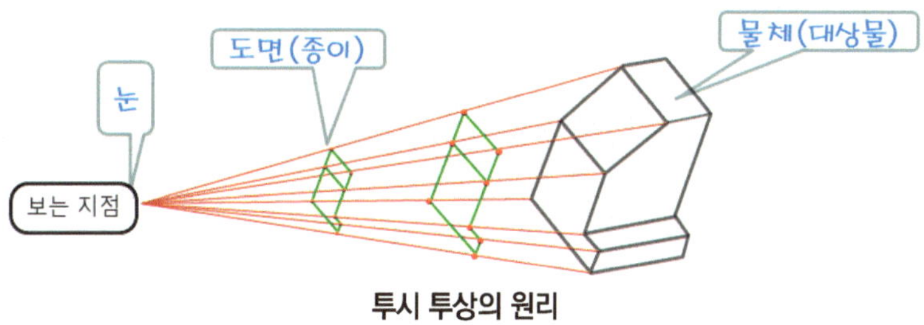

투시 투상의 원리

위 그림은 사투상의 원리를 나타내는데 투상면(도면) 위치에 따라 모양의 크기가 다르게 되어 도면으로써는 불합리하다.

3-1-3 정투상

평면의 눈에서 보이는 시점과 각 요소들의 지점이 무한대 위치에 있다고 가정하여 평행하게 투상되는 것을 정투상이라 하며 정투상에는 사각형의 여섯 면을 바라보고 나타낼 때 (눈)시점, 투상면, 제품이 놓여졌다고 가정하는 위치 순서를 어디에 두는가에 따라 여섯 개의 투상면 배치가 달라지는데 이것의 기준을 3각법 또는 1각법이라고 하는데 우리나라, ISO에서는 3각법을 기본으로 채택하여 사용하고 있다.

정투상은 보는 시점이 이론적으로 무한대의 거리로 물러섰다고 가정하여 물체에 이르는 시선들의 길이는 길어져서 결국은 서로 평행하게 되고 화면과는 수직을 이루게 되는데 이때 물체와 화면 사이의 거리에 상관없이 화면에 얻어지는 물체의 윤곽은 물체의 실제 크기와 같은 그림을 얻을 수 있는 방법으로 나타내는 것이다.

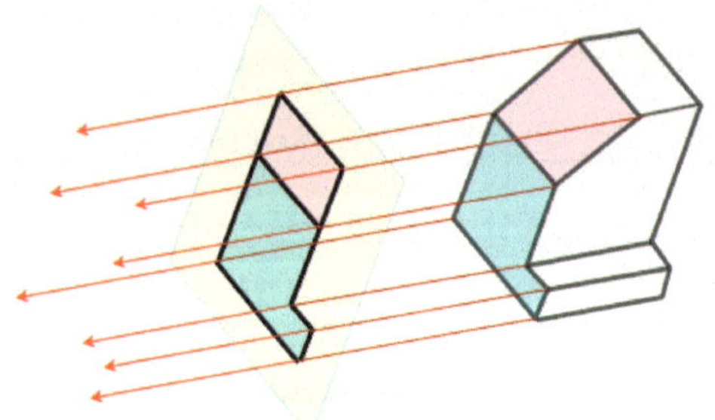

정투상의 원리

눈에서 보이는 시점과 각 요소들의 지점이 무한대 위치에 있다고 가정하여 평행하게 투상되는 상태를 나타낸 그림이다.

3-1-4 등각 투상

1) 등각도

등각도란 가운데 중심에서 좌우 서로 같은 각도를 말하며 등각 투상 원리는 물체를 들어 올려서 왼쪽 또는 오른쪽으로 적당히 돌려서 앞쪽 또는 뒤쪽으로 기울여서 두 개의 옆면 모서리가 수평선과 30°가 되게 하여 무한대의 수평 시선으로 얻은 물체의 윤곽을 그리게 되면 세 모서리는 120°의 등각을 이루는 그림을 그릴 수 있다. 이와 같은 원리로 그리는 그림을 등각도라고 한다.

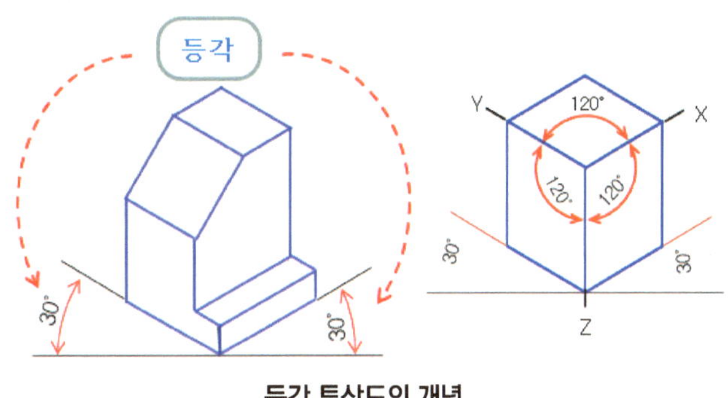

등각 투상도의 개념

2) 등각도의 용도

일종의 그림으로 물체의 정면, 우측면(좌측면), 평면(저면)의 3면의 실제 모양과 크기를 나타낼 수 있는 투상도로 주로 기계의 조립·분해를 설명하는 정비 지침서 등에 사용한다.

최근에는 KS ISO 규격에서 기하공차의 규제 내용과 표현이 엄밀해지면서 규제 내용을 혼란 없이 구체적으로 표현하기 위해 2차원 도면과 함께 등각도의 입체적인 그림에 기하공차 규제 내용을 표현하는 경우에도 자주 사용되고 있다.

3-1-5 캐비닛도와 카발리에도

사각형 육면체의 캐비닛이 사무실에 배치된 그림을 표현할 때 등각도와는 다르게 앞쪽 선은 수평선과 같은 방향으로 잡고 입체적인 느낌이 들도록 그리는 경우를 말한다.

측면의 선이 수평선과 이루는 각도를 어떻게 하느냐에 따라 수평선과 이루는 각도가 60°의 경사이면 캐비닛도, 45°의 경사이면 카발리에도라고 한다.

3-2 투상도의 표시 방법

사각형 여섯 방향의 면으로 된 제품이면 투상 후 총 6개의 투상면이 표현될 수 있다.

이때 사용되는 6개의 투상면을 정면도, 평면도, 우측면도, 좌측면도, 배면도, 저면도로 칭한다.

정면도는 제품의 앞에서 보는 면으로 6개의 면 중 어느 쪽을 면을 정면도 방향으로 잡을지는 설계자의 몫이다. 정면도는 다른 투상면도의 기준이 되는 것으로 아래 사항을 동시에 참조하여 결정한다.

1) 대상물의 정보를 가장 명료하게 나타내는 투상면도를 주 투상도 또는 정면도라 한다.
2) 다른 투상도(단면도 포함)가 필요한 경우에는 모호함이 없도록 완전히 대상물을 규정하는데 필요하고도 충분한 투상면도의 수로 표현한다.
3) 가능한 숨겨진 외형선고 모서리를 표현할 필요가 없는 방향의 투상면도를 선택한다.
4) 불필요한 세부 사항은 피한다.

이런 표현을 종합하면 , 특징있는 모양을 가장 잘 표시하는 방향의 면, 물체의 모양을 판단하기 쉬운 방향의 면, 숨은선을 적게 사용하여 나타낼 수 있다고 생각하는 방향의 면을 선택한다.

3-2-1 주 투상도

투상도는 주 투상도, 보조 투상도, 회전 투상도, 부분 투상도, 국부 투상도, 부분 확대도, 등과 단면도로 온 단면도, 한 쪽 단면도, 회전도시 단면도 등으로 나눈다.

주 투상도는 형태를 가장 명확하고 잘 나타낼 수 있는 투상면도를 말하며 주로 정면도로 삼지만 측면도나 평면도가 될 수도 있다.

아래 그림에서 위쪽에서 본 것을 나타내는 평면도는 아래 그림에서 ① 방향처럼 회전시키고, 오른쪽에서 볼 때 나타나는 우측면도는 아래 그림에서 ② 방향처럼 회전시켜 정면도에서 확장된 하나의 면이 되도록 정면도 가장자리 변을 회전축으로 각각 펼쳐서 도면으로 나타낸다.

정면도를 나타내는 면(방향)을 제품에서 결정한 후 평면도는 제품 위쪽의 면, 좌측면도는 제품 왼쪽의 면, 우측면도는 제품 오른쪽의 면, 배면도는 제품 뒤쪽의 면, 저면도는 제품 아래쪽의 면을 말한다.

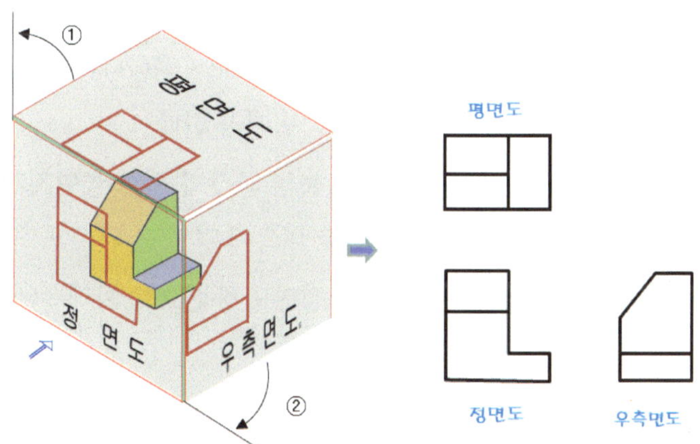

3각법에서 정투상으로 나타내는 3개의 투상면 배치

위 그림은 세 개의 방향에서 바라보는 것을 정면도를 기준으로 나타내고 있으며 총 여섯 가지 방향에서 바라보는 것을 하나의 도면에 나타낼 수 있다.

도면에 나타내는 6개의 투상면은 서로 직각인 관계인데 정면도를 기준으로 해서 위에 배치될 수 있는 면도는 평면도 또는 저면도이다.

또 정면도를 기준으로 해서 오른쪽에 배치될 수 있는 면도는 우측면도 또는 좌측면도이며 이런 기준으로 투상면이 배치가 될 수 있다.

만일 제품의 위에서 (아래쪽으로) 바라볼 때 나타나는 형상을 정면도의 위쪽에, 오른쪽에서 (왼쪽으로) 바라볼 때 나타나는 형상을 정면도 오른쪽에 나타나도록 배치하는 것이 일반적으로 인간의 공간 개념 사고와 일치하여 형태를 판단하기에 유리하다고 한다. 이런 배치 방법으로 도면을 나타내는 것을 정투상도의 제3각법이라 한다.

3-3 제 3각법과 제 1각법

3-3-1 제 3각법

물체를 수학에서 다루는 함수의 3상한(제 3각) 내에 두고 x 축(x-)과 y축(y-)을 투상면이라고 가정하여 투사하여 그리는 방식을 3각법이라 한다.

3각법으로 도면이 그려질 때는 물체, 투상면, 눈의 공간 순서로 놓여지게 된다.

3각법은 투상면도의 배열은 정면도를 중심으로 위쪽에 평면도, 왼쪽에 좌측면도, 오른쪽에 우측면도, 우측면도 오른쪽에 배면도, 정면도 중심으로 아래쪽에는 저면도가 배치된다.

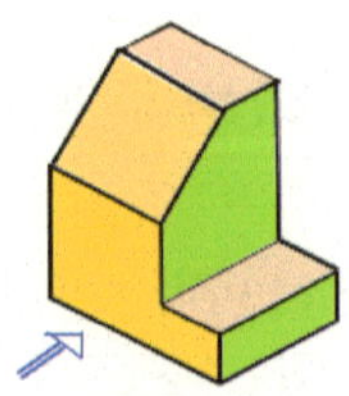

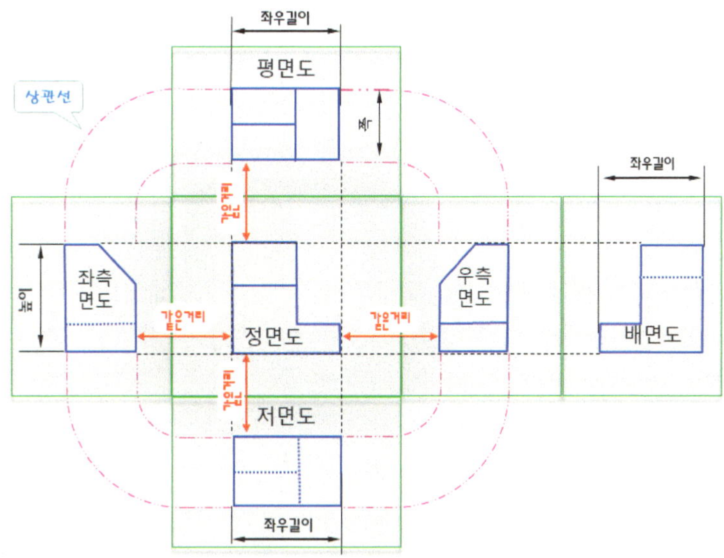

3각법에 의한 제품의 6면도 투상 및 배치

그림은 제품을 화살표 방향을 정면도 방향으로 3각법에 의해 6개의 투상면도를 청색 선으로 투상하여 배치하고 투상면도 명칭을 기록하였다.

6개 면도는 상호 관계가 위의 도면에서 보여지는 것처럼 「좌우길이, 폭, 높이」 크기와 「같은거리」가 일관성 있어야 올바른 도면이다.

문제 제품 입체 그림을 보고 ⓐ~ⓕ 면의 위치가 어디인지 아래쪽 6개 투상면도에 선으로 연결해서 나타내 보시오.

3-3-2 제 1각법

물체를 수학에서 다루는 함수의 1상한(제 1각) 내에 두고 x 축(x+)과 y축(y+)을 투상면이라고 가정하여 투사하여 그리는 방식을 1각법이라 한다.

1각법으로 도면이 그려질 때는 눈, 물체, 투상면의 공간 순서로 놓여지게 된다.

1각법은 투상면도의 배열은 정면도를 중심으로 위쪽에 저면도, 왼쪽에 우측면도, 오른쪽에 좌측면도, 좌측면도 오른쪽에 배면도, 정면도 중심으로 아래쪽에는 평면도가 배치된다.

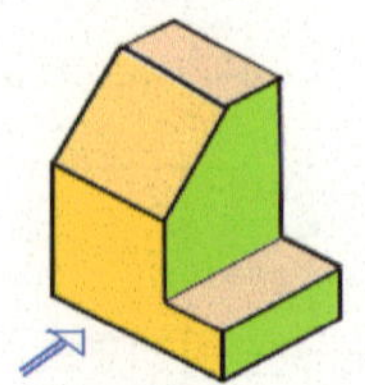

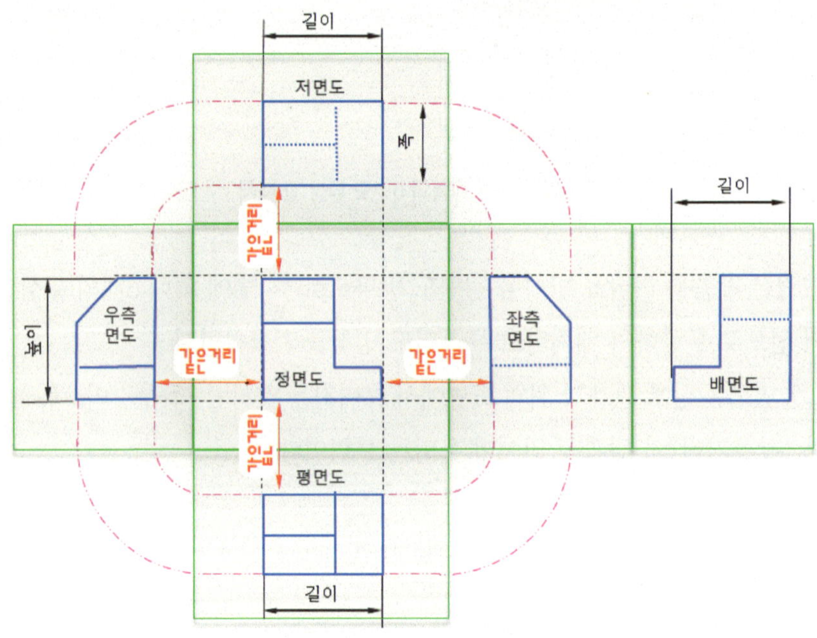

1각법에 의한 제품의 6면도 투상 및 배치

그림은 제품을 화살표 방향을 정면도 방향으로 1각법에 의해 6개의 투상면도를 청색 선으로 투상하여 배치하고 투상면도 명칭을 기록하였다.

6개 면도는 상호 관계가 도면처럼 위 도면에서 보여지는 것처럼 「좌우길이, 폭, 높이」 크기와 「같은거리」가 일관성 있어야 올바른 도면이다.

문제 제품 입체 그림을 보고 ⓐ~ⓕ 면의 위치가 어디인지 아래쪽 6개 투상면도에 선으로 연결해서 나타내 보시오.

이런 방식은 직관적으로 그림을 이해하는데 혼란을 야기할 수도 있어 투상의 개념으로 이해는 하되 KS, ISO 등에서 3각법을 기본으로 제시하여 사용하도록 되어 있어 1각법은 실제 사용되지는 않으나 특별히 3각법으로 투상 시 혼란을 야기할 수 있다고 판단할 경우 사용할 수 있다.

만일 3각법과 도면 내에 부분적으로 1각법으로 투상한 요소가 있는 경우라면 도면내의 투상 지점의 적당한 위치에 제 1각법이라 기입한다. 이 경우 글자 대신에 기호를 사용하여도 좋다.

도면에서 사용한 투상법이 3각법, 1각법은 표제란에 문자로 「3각법」, 「1각법」이라고 나타내는 것이 기본이며 이때 문자를 대신해서 Symbol로 나타내도 무방하다.

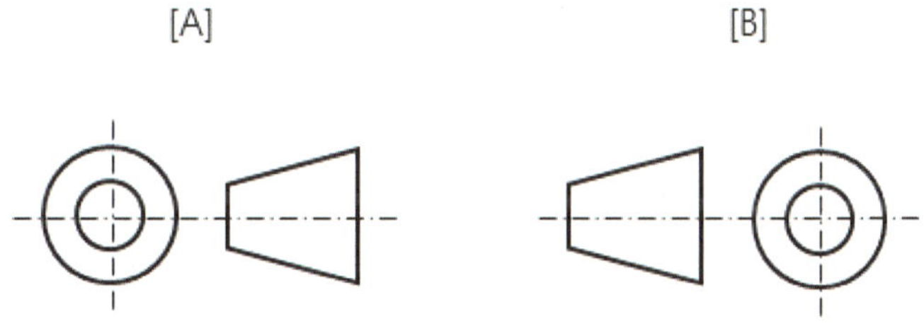

3각법[A]과 1각법[B]의 Symbol

3-4 도면에서 사용할 투상면도의 갯수

투상면도의 개수는 물체를 완전히 표시하는 데 필요하고 충분하도록 사용하며 1~3개의 투상면도를 가장 많이 사용한다.

제품의 모양에 따라 3개 이하의 투상면도로 나타내서 충분한 경우가 많고 이때 사용하는 3면도는 정면도를 기본으로 평면도, 우측변노(또는 좌측민도) 이다.

3-4-1 3면도

세 개의 투상면도로 도시하는 것을 3면도라 하며, 일반적으로 정면도, 평면도(또는 저면도) 및 우측면도(또는 좌측면도)를 선택한다.

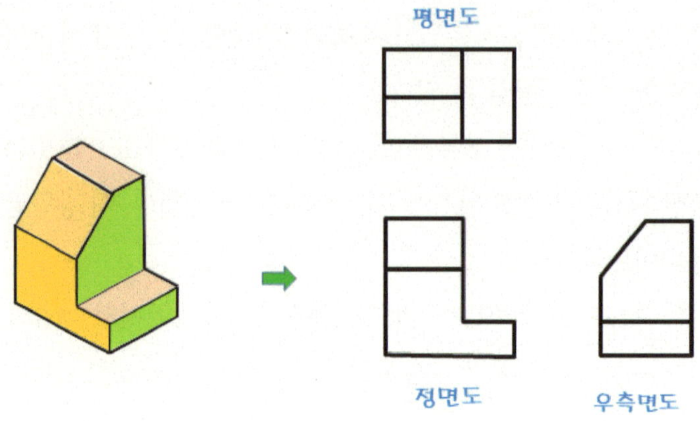

정면도와 우측면도, 평면도로 투상한 도면

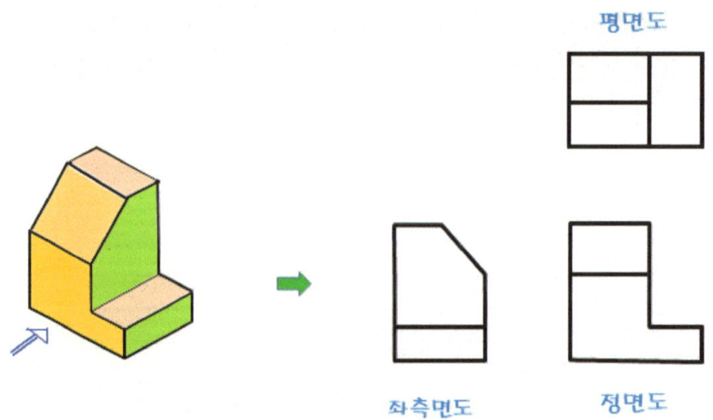

정면도와 좌측면도, 평면도로 투상한 도면

아래는 3D그림은 [A], [B],의 두 제품을 가정하여 투상하는 과정이다.

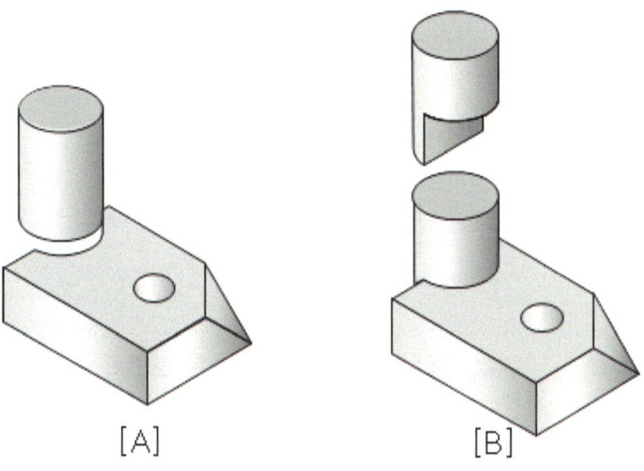

문제 아래 그림에서 투상 결과가 보여진 것이라면 [A], [B],의 두 제품 유형 중 어느 것이 맞는지 선택해 보기 바랍니다 (답: [B])

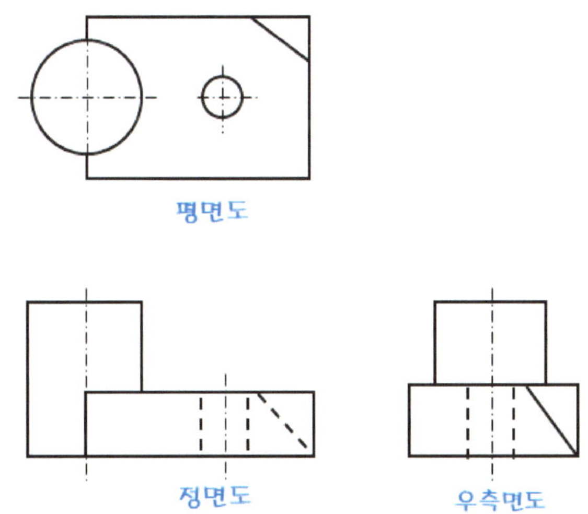

 [B] 제품을 3면 투상도로 나타낸 도면은 일부 불충분하게 그려졌는데 어느 면도의 내용인지 찾아서 완성해 보시기 바랍니다.

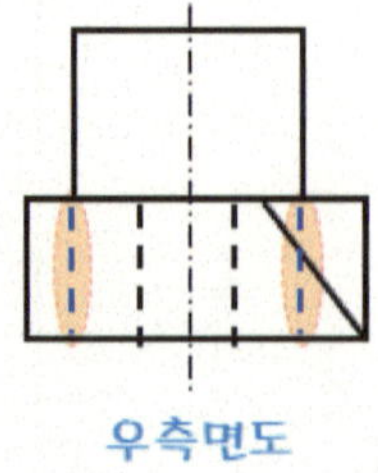

우측면도의 투상선 추가하여 완성한 도면

 아래의 3D그림 제품을 3면 투상도로 투상하려고 한다.

1) 정면도, 평면도, 좌측면도(또는 우측면도)로 3면 투상을 하려면 좌측면도와 우측면도 중 어떤 면도를 선택하여 투상하는 것이 좋다고 생각하는지 결정해 보세요.

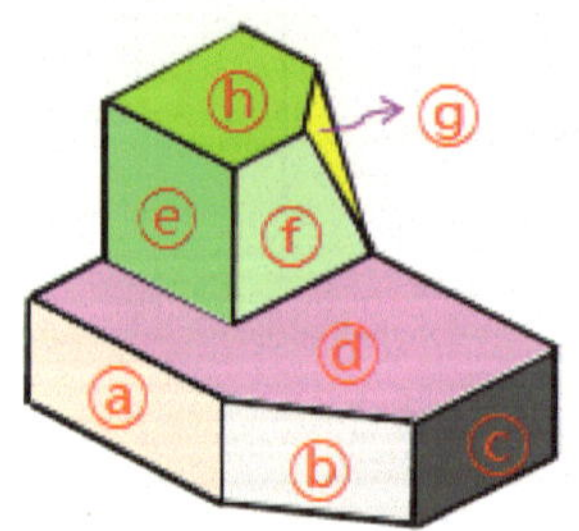

결과는 우측면도로 나타내는 것이 투상 결과에서 상대적으로 숨은선(파선)을 사용하지 않고 나타내므로 좌측면도 보다 우측면도가 유리합니다.

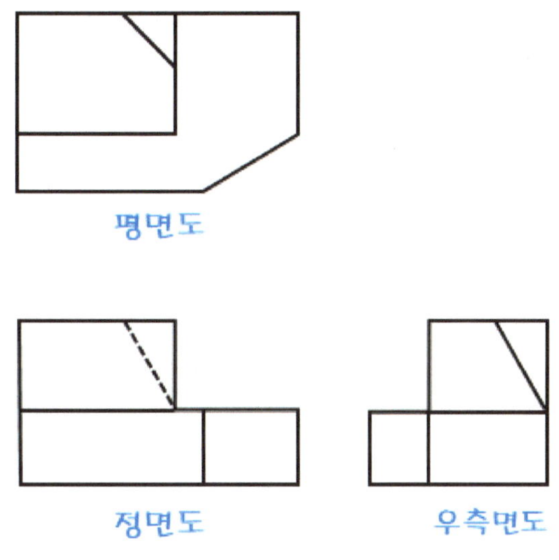

평면도

정면도   우측면도

3면 투상 결과 투상도

2) 위 3D그림 제품의 ⓐ~ⓗ가 가리키는 면을 「3면 투상 결과 투상도」에 연결선으로 적절하게 나타내 보세요.

3-4-2 2면도

직육면체, 평면형체 또는 원통형체 등의 간단한 물품은 일반적으로 정면도와 평면도 또는 정면도와 우측면도(또는 좌측면도)로 나타내게 된다.

아래의 3D그림 [A], [B] 두 제품을 2면 투상도로 투상하려고 한다. 빈 공간에 그려서 완성해 보세요.

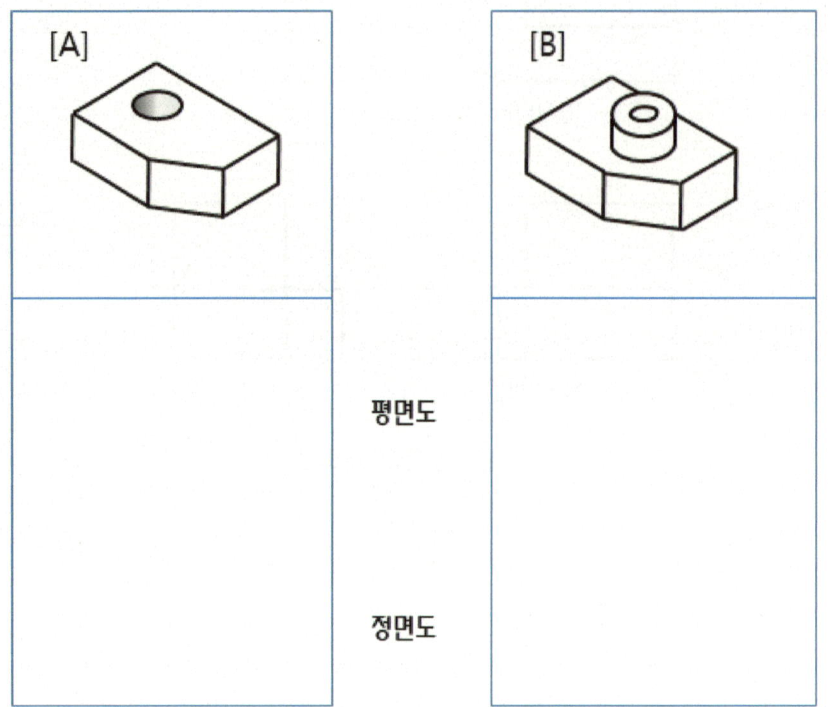

아래는 위 제시된 제품을 2면 투상한 것이다.

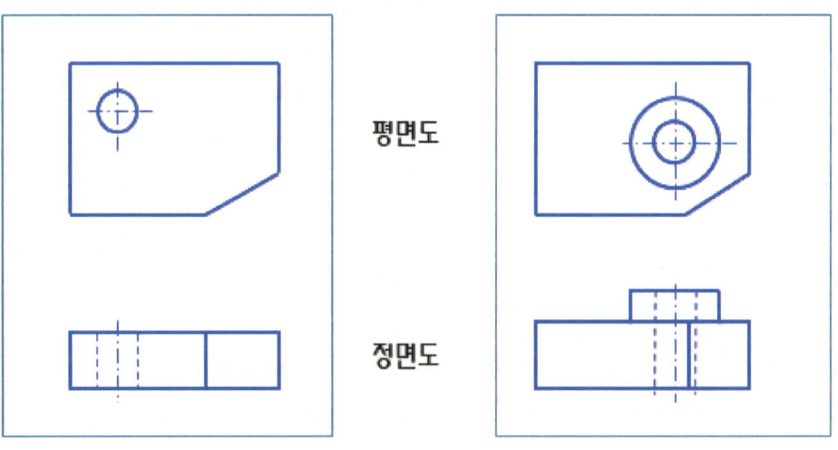

3면 투상으로 할지, 2면 투상으로 할지 여부는 설계자가 판단하여 제품을 필요충분하게 표현이 가능한가를 판단하여 결정한다. 이때 필요충분한 것의 의미는 형태(모양)와 치수기입이 합쳐졌을 때 최종 결정되는 것이다. 그러므로 그려진 모양은 같다 하더라도 치수기입 등에서 표현이 부족하여 형태를 완전하게 이해하지 못하면 안되는 것이다.

문제 아래 3D 그림은 내부 안쪽 원 요소가 비워진 반원 모양(절단된 달걀의 노른자가 비워진 모양)의 제품이다. 이때 원형요소 두 곳의 치수는 20, 50이라면 이 제품을 2면 투상한 후 치수기입까지 나타내 보세요.

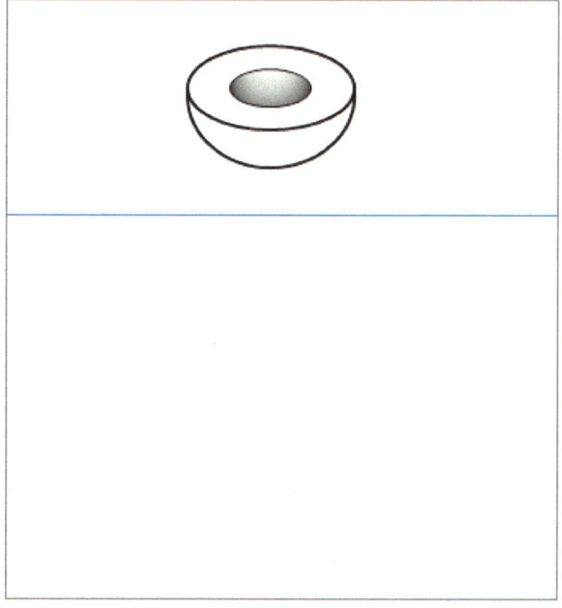

위 제품은 정면도에 우측면도 보다는 평면도가 적합하며 치수가 기입된 투상 결과는 다음과 같다.

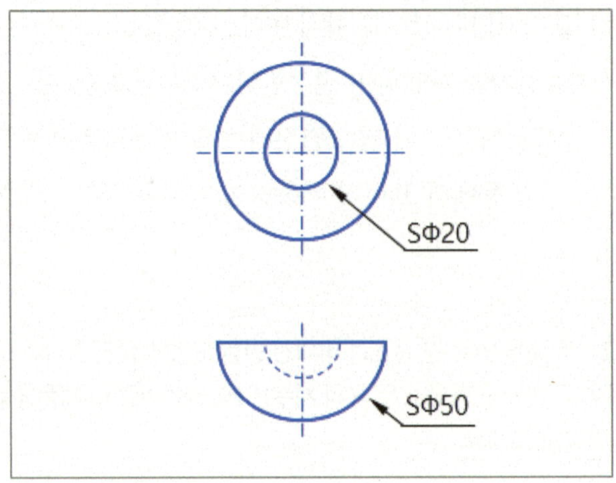

치수 기입에 사용된 SØ의 S는 입체 모양, Ø는 원임을 나타내는 문자이다.

3-4-3 1면도

원통, 각기둥, 평판 등과 같이 단면 모양이 균일한 모양으로 된 물체는 정면도 하나만으로 나타내도 모양을 완전한 표현이 가능할 수 있다. 이때 모양 특성의 완성된 표현은 치수 기입에서 마무리된다.

치수와 함께 모양을 표시하는 문자나 기호로 원형($\varnothing$), 구(球)의 모양(S$\varnothing$), 정사각형기호(□)등을 치수 숫자 앞에 기입한다.

문제 아래 3D 그림은 내부 중심 요소가 빈 원통 형상의 제품인데 1면 투상으로 정면도를 그린 후 기입까지 나타내 보세요.

[A]

[B]

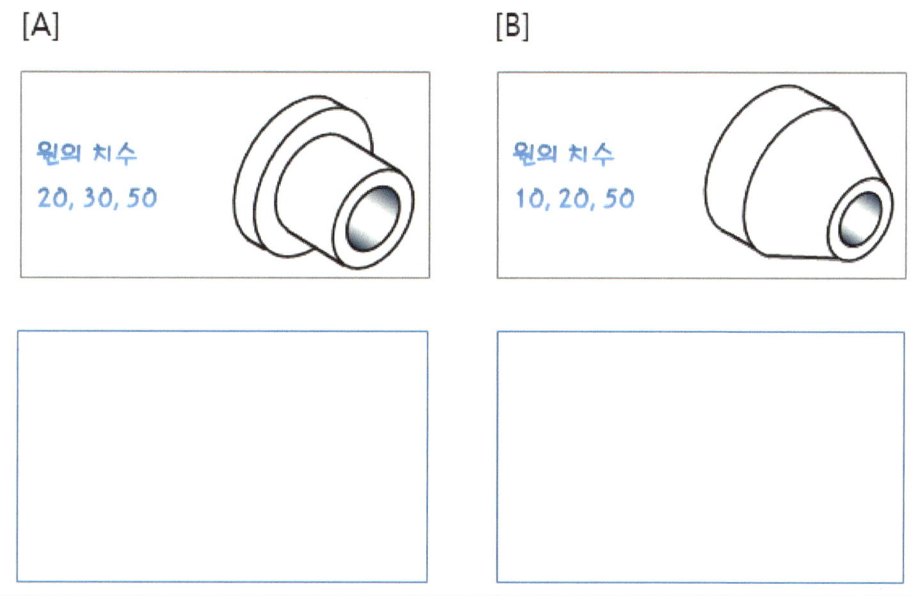

아래에는 위 제품에 대한 투상 및 치수기입을 완성하였다. 그 결과 제품의 형상과 치수 등의 특성을 우측면도 없이 1면도(정면도) 하나로 모두 나타내는 것이 가능함을 알 수 있다.

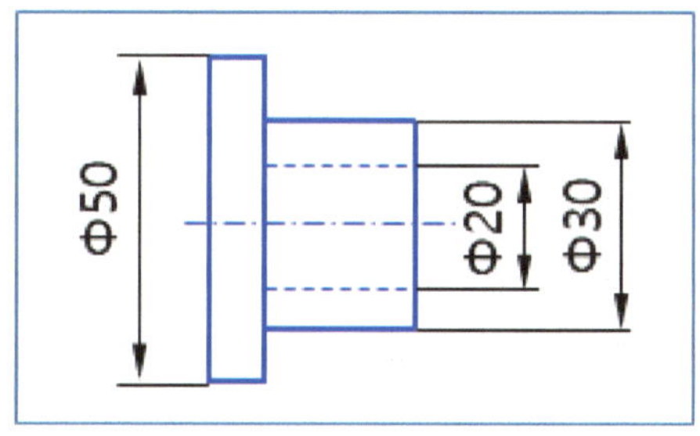

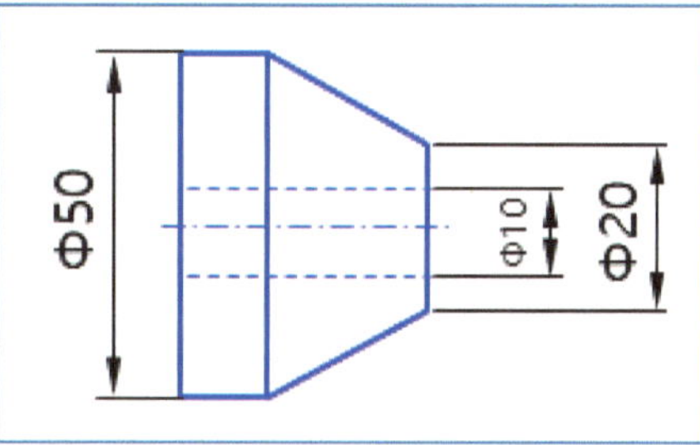

[C]

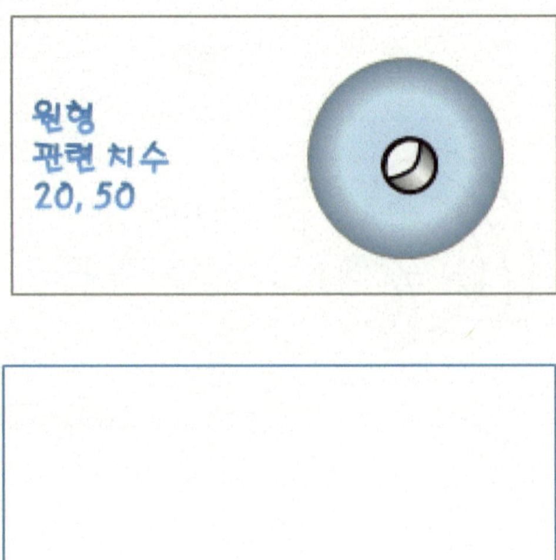

아래 투상된 정면도는 내부의 원형 특성은 직경으로만 나타내 지며, 바깥쪽의 원형 특성은 제품의 외형 경계선으로 입체로 된 원형 형상을 나타내고 있어 S∅50으로 표현된다.

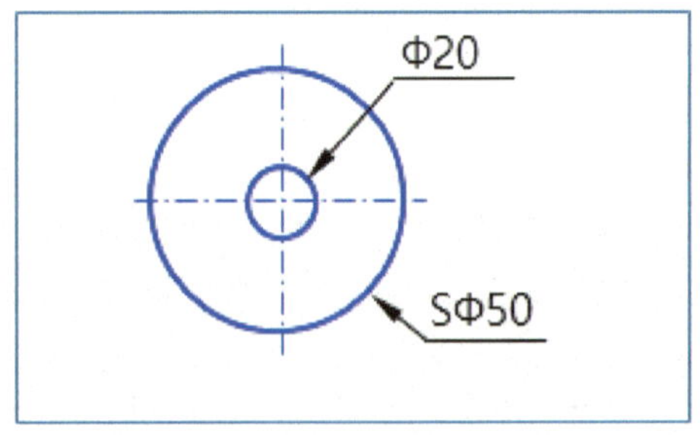

3-4-4 4면도

네 개의 투상면도로 도시하는 것을 4면도라 하며, 정면도, 평면도, 우측면도, 좌측면도를 사용하는 것이 일반적이며 3면도로 대부분 제품을 투상하여 나타낼 수 있다고 보나 특별히 강조하거나 혼돈의 염려가 있을 경우 사용된다.

문제 1) [A] 그림의 빈 곳에 제품의 4면 투상을 완성해 보세요

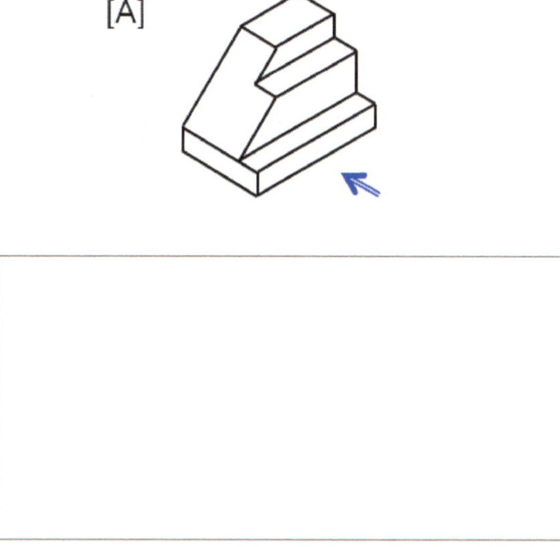

2) 투상이 완성된 후 우측면도에서 파선으로 된 요소는 제품의 어디인지 연결선으로 나타
   내 보세요.

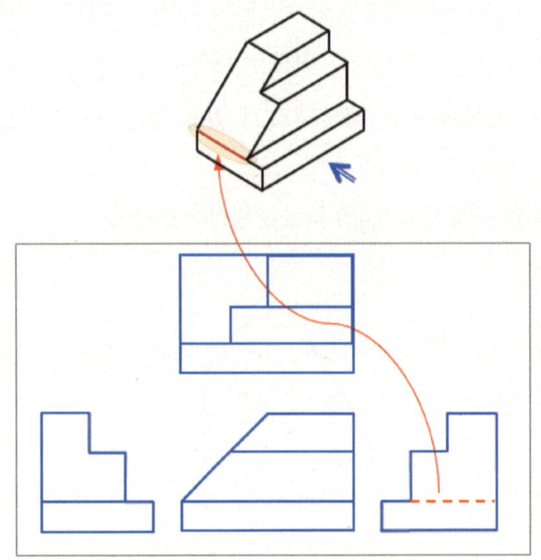

투상 완성 후 우측면도의 파선이 제품에서 가리키는 위치를 표시한 그림

3) [B] 그림의 빈 곳에 제품의 4면 투상을 완성해 보세요.

[B]

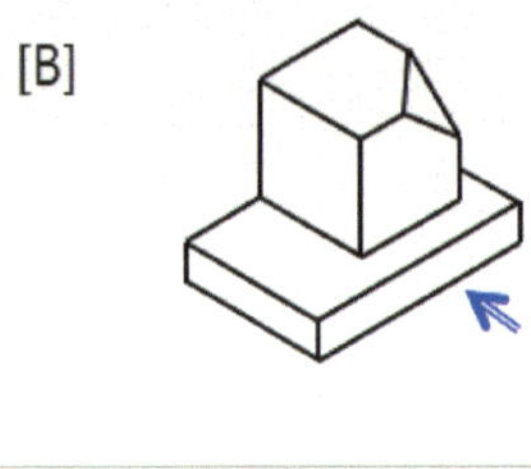

4) 투상이 완성된 후 좌측면도에서 파선으로 된 요소는 제품의 어디인지 연결선으로 나타
내 보세요.

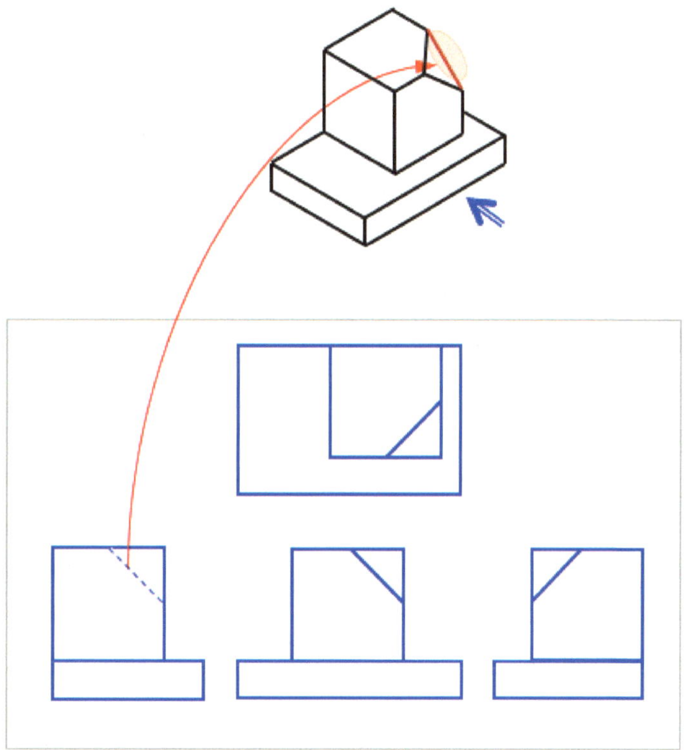

4면 투상 완성 후 좌측면도의 파선이 제품에서 가리키는 위치를 표시한 그림

3-5-1 좌우, 위아래 선정을 통한 정면도 방향 결정

동일한 제품이라 하더라도 어느 방향을 정면도로 할지, 또 가로와 세로 방향을 어디로 할지에 따라 도면의 느낌과 완성 후 도면 이해도가 달라지므로 중요한 판단 요소가 된다.

1) 길이가 긴 제품이 놓이는 방향

길이가 긴 제품은 길이가 긴 쪽이 좌우 방향이 되도록 하여 투상한다.

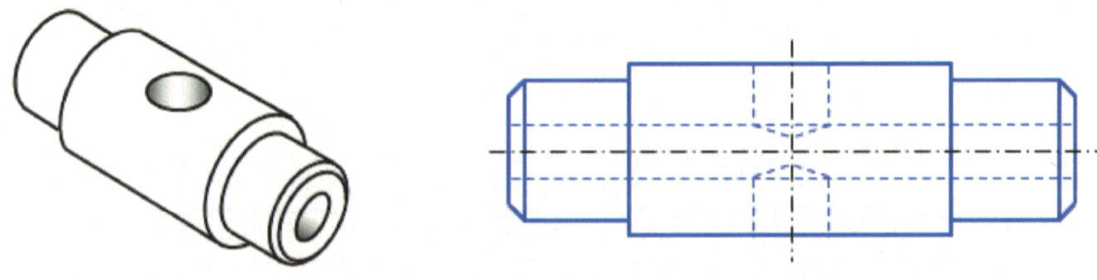

오른쪽 투상도에서 수직 방향의 파선으로 된 투상선 끝 위아래 두 가지는 길이 방향의 관통구멍과 서로 교차하는 관통구멍의 경우 경계선이 간섭에 의해 상관선이 남은 것으로 보여지는 그림처럼 뾰족한 상태로 남아있게 된다.

2) 좌측면도와 우측면도 중 하나를 선택하는 경우

정면도 방향이 결정된 이후에 제품의 좌측면도와 우측면도 중 하나를 선택하는 경우에는 파선이 적게 나타나는 방향의 면도를 선택하여 그린다.

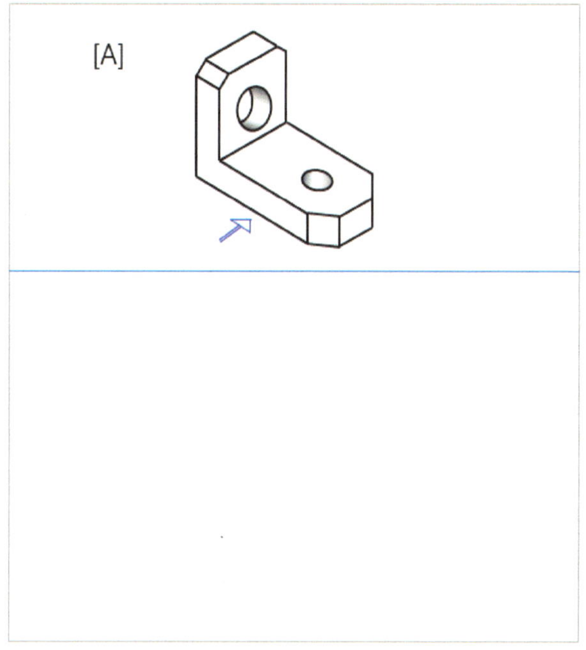

그림 화살표 방향으로 정면도가 결정되었으면 좌측면도 또는 우측면도를 결정할 때 어느 쪽이 파선이 적게 사용되는지 미리 살펴본 후 선택하면 된다.

문제 ① [A]그림 아래 빈 공간에 화살표 방향의 정면도를 완성해 보세요.

② 정면도 좌측에 좌측면도를 그린 후 문제점을 표현해 보세요.

③ 좌측면도를 대체할 우측면도를 정면도 오른쪽에 완성해 보세요.

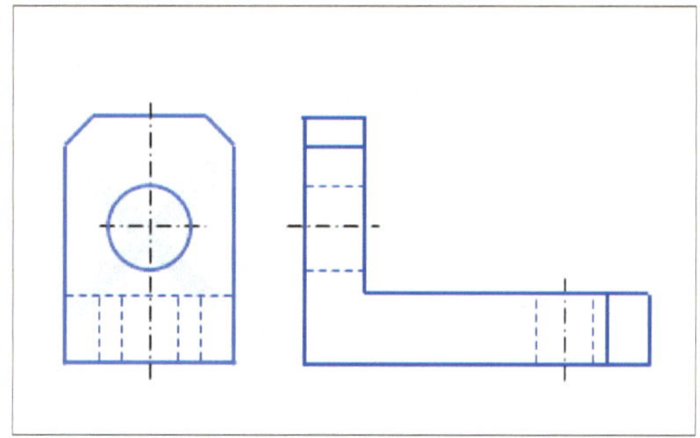

위의 도면은 좌측면도는 파선이 많이 사용되어 실선으로 대체되는 우측면도가 유리하다.

만일 좌측면도를 그리면 그림처럼 파선이 있지만 우측면도로 할 경우에는 좌측면도의 파선이 실선으로 변경되어 유리하므로 좌측면도 대신 우측면도를 사용한다.

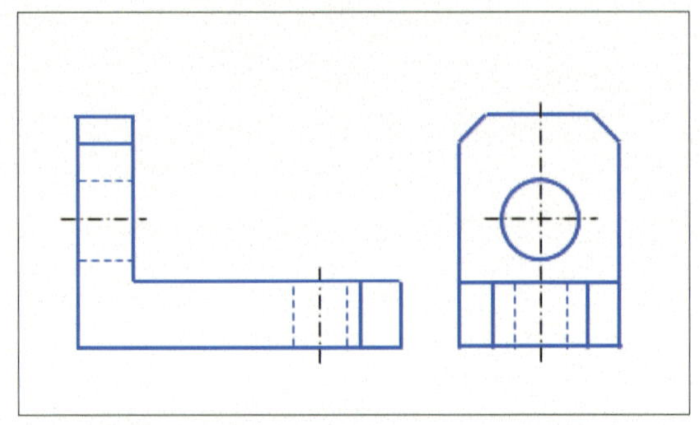

정면도에 우측면도를 선택하여 최종 완성한 도면

3) 제품의 주요 요소는 수평 또는 수직 방향으로 놓이도록 한다

그림은 내부가 관통된 회전체로 모서리는 모따기 되어 있는 형상을 1/4 단면하였다고 가정하여 나타낸 것이다.

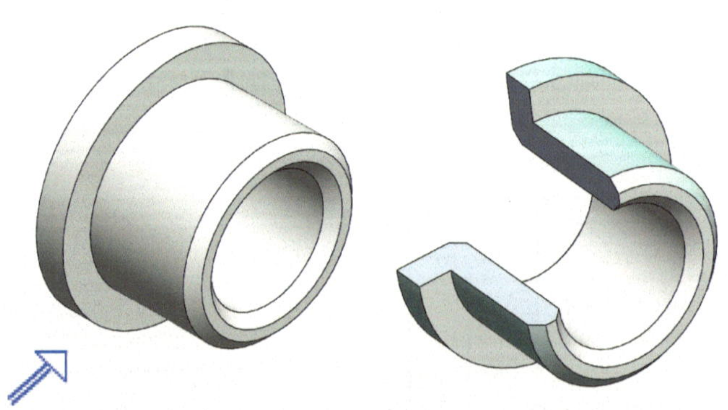

문제 1) 화살표 방향을 정면도로 해서 투상해 보세요.

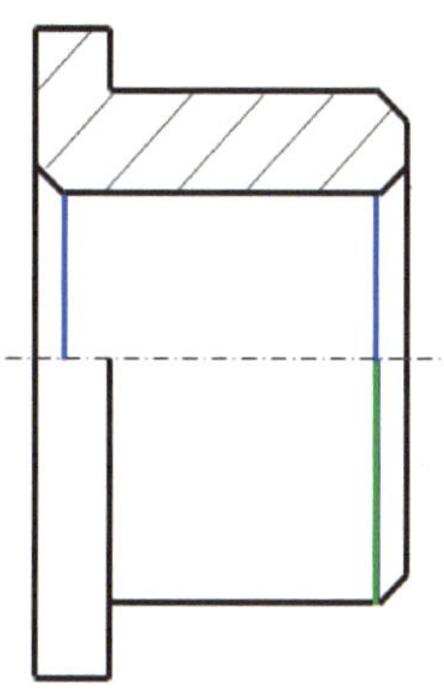

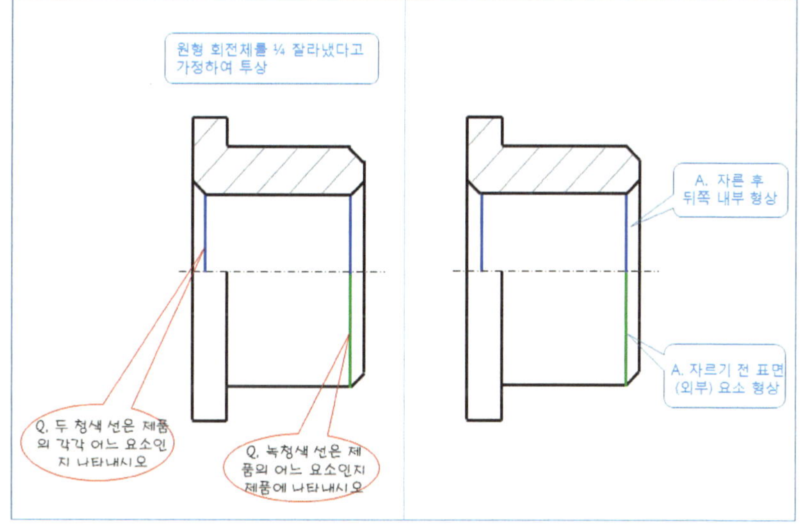

그림은 제품의 내부 형상이 잘 나타나도록 단면하였으며 반단면 투상으로 내부와 외부 형상 특성을 동시에 알 수 있게 되어있다.

판형 제품에 구멍이 뚫린 동일한 모양이 반복되어 나타나는 경우는 2면도(정면도와 평면도)로 나타내고 정면도에서는 구멍 요소의 중 한 개를 절단해서 내부 모양을 실선으로 나타낸다. 이때 절단 경로는 평면도에 위치를 나타내며 절단경로가 시작, 끝나는 지점과 절단경로가 변경되는 지점은 아주 굵은 짧은 실선을 덧대서 나타낸다.

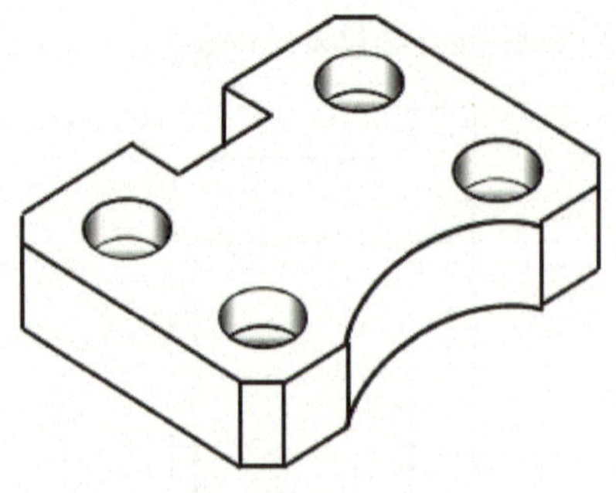

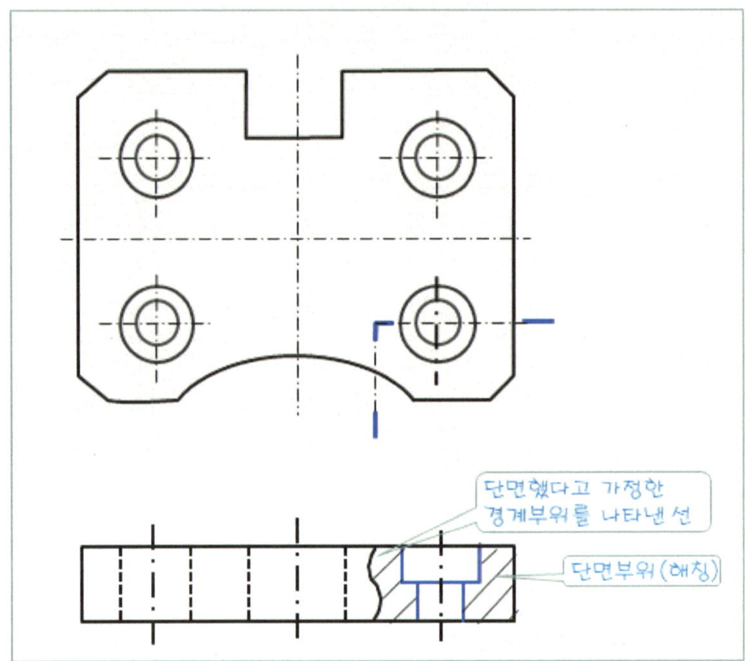

위쪽의 넓은 평면 요소를 평면도로, 두께 요소를 정면도로 하는 2 투상을 하며 4 개의 구멍은 동일한 모양으로 반복되므로 정면도에서 하나만 절단하여 내부 형태를 실선으로 그린다. 이때 정단 경계부위는 자유실선(파단선)으로 하고 단면되어 잘리는 지점은 해칭한다. 평면도에서는 절단한 경로를 나타내고 시작과 끝지점, 절단 방향이 바뀌는 지점은 굵은 실선을 추가하여 나타낸다.

재료에서 제품을 만들 때 가공을 많이 하게 되는 요소가 정면도에서 잘 나타내도록 놓고 그린다.

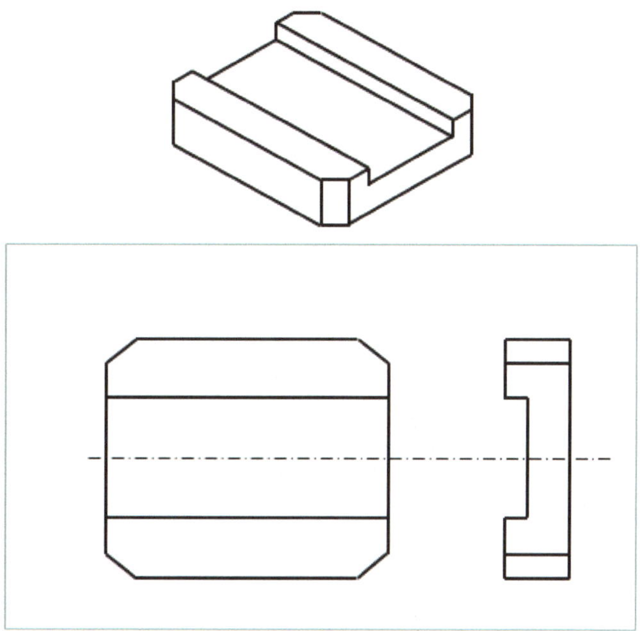

그림은 밀링가공 제품으로 가운데 넓은 홈 바닥 요소가 정면도에서 나타나도록 그리는 것이 좋다. 판형 제품으로 두께가 있으므로 측면도도 동시에 필요하다.

※ 밀링 가공 : 제품이 고정되고 공구가 회전하여 제품을 가공하는데 공구를 선택하는 방법에 따라 홈, 구멍, 평면 등을 가공할 수 있다.

4) 둥근 회전체의 투상

둥근 형태의 제품(링, 휠, 벨트풀리 등)은 어느 쪽을 정면도로 하느냐에 따라 정면도에서 둥근 모양 형태로 나타나거나 우측면도에서 둥근 모양 형태로 나타나게 할 수 있는데 우측면도에서 둥근 모양이 되도록 정면도 방향을 지정하며 이때 정면도는 사각형 모양으로 투상된다.

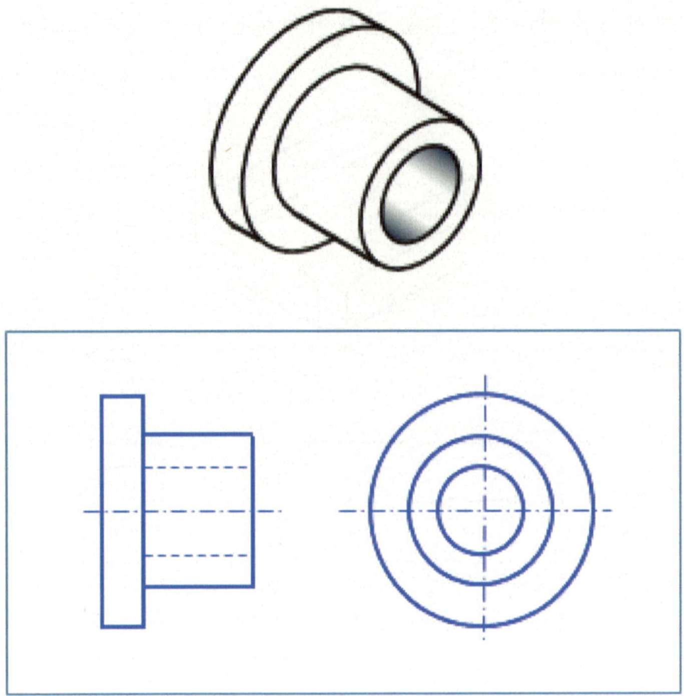

그림의 좌측이 정면도로 사각형 형상, 우측은 우측면도이며 원형 형상이다.

5) 주물품의 투상

제품의 전체적인 형상을 주물로 만들었을 경우 쇳물의 점도, 용융 상태에서의 유동성 등의 주물품 생산 특성으로 요소가 서로 이어지는 곡면 부분, 리브 등은 투상 시 주의할 필요가 있다.

일반적인 제품의 투상이라면 투상 선의 시작과 끝은 다른 선과 연결되어 닿아있게 되는데 주물 제품의 경우는 한쪽 끝이 다른 선과 접하지 않고 남아있는 경우로 투상되는 것이 가능하므로 이를 잘 기억해야 한다.

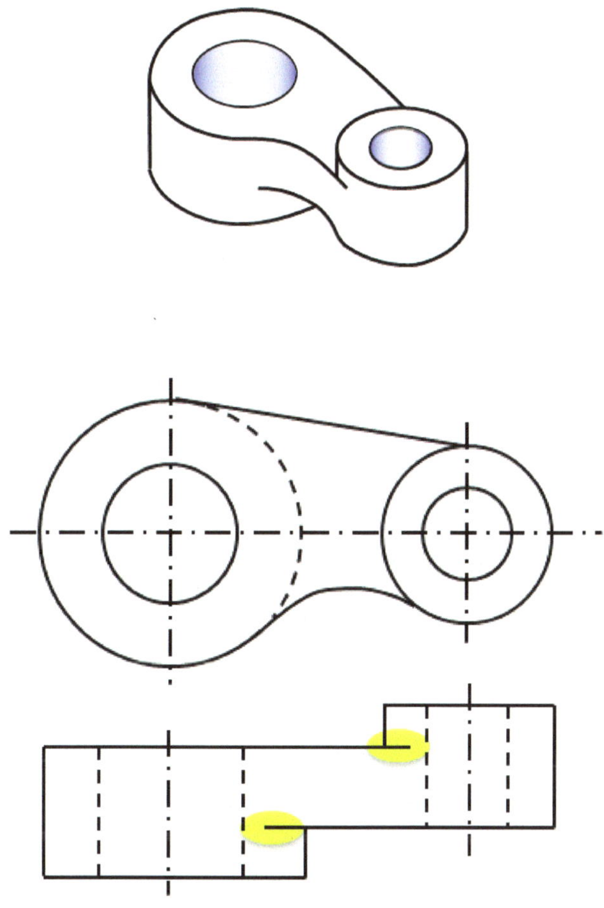

일반적인 제품의 투상에서는 직선 등이 연결되지 않고 남아 있는 경우가 없지만 그림의 아래쪽 정면도에서 좌, 우 방향의 두 선이 다른 선과 연결되어 있지 않은(노란색 영역) 것은 주물품을 생산하기 위한 주형틀 형상이 주물 소재가 용융 상태의 점도가 높은 상태에서 제품 형태가 잘 만들어지도록 하기 위해 연결 부위를 완만한 라운드를 주어 만든 것의 형상으로 이것은 주물품의 투상에서 나타나는 특징이다.

기계제도와 도면해독

특수 투상법

04 특수 투상법

　도면은 설계자의 의도를 정투상의 방법으로 3각법을 적용해 투상하게 되는데 이 방법이 가장 잘 나타낸다고 말하기 어려운 경우가 있다. 이처럼 오독의 염려가 없는 범위에서 간단하게 그리거나 약속된 방법으로 그리는 것으로 이때 도면에서 기본적으로 적용한 정투상과 함께 특정 부위나 위치, 각도, 부분적인 요소에 특수투상 방법으로 정투상에서 벗어난 근사화법 등으로 표현하여 이해하기 쉽게 나타내는 경우가 있다. 이것을 총칭하여 특수투상법이라 한다.

4-1　보조투상도

　직각으로 된 육면체와 달리 부분적으로 경사면이 있는 제품에서 사용하는 방법으로 경사면에 수직한 부분적 투상 면도를 정면도, 평면도, 우측면도와 별도로 그리는 방법이다.

　경사면 부위가 있는 제품을 6면 투상하면 직각방향으로 투상하게 되므로 경사면 방향의 실제 길이는 나타내지 못한다. 이때는 경사면에 대해 수직한 방향으로 별도의 투상을 하고 치수를 기입하여 경사면의 실치수가 얼마인지 알 수 있도록 하여 오독을 없앨 수 있는데 이와 같이 경사면에 대해 수직하게 그린 투상도를 보조투상도라고 한다.

4-1-1 경사면의 보조투상도

1) 그림을 화살표 방향의 정면도를 완성해 보세요

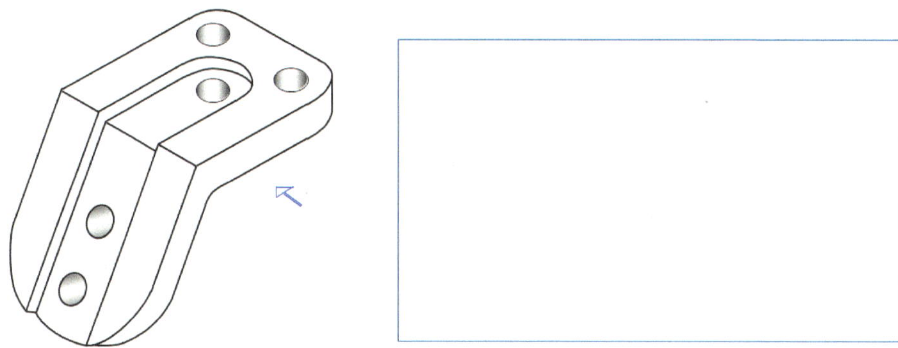

2) 그림을 보고 좌측면도를 완성해 보세요

정면도에서 좌측으로 상관선을 연결하면서 좌측면도 투상 시 위치가 결정되게 한다.

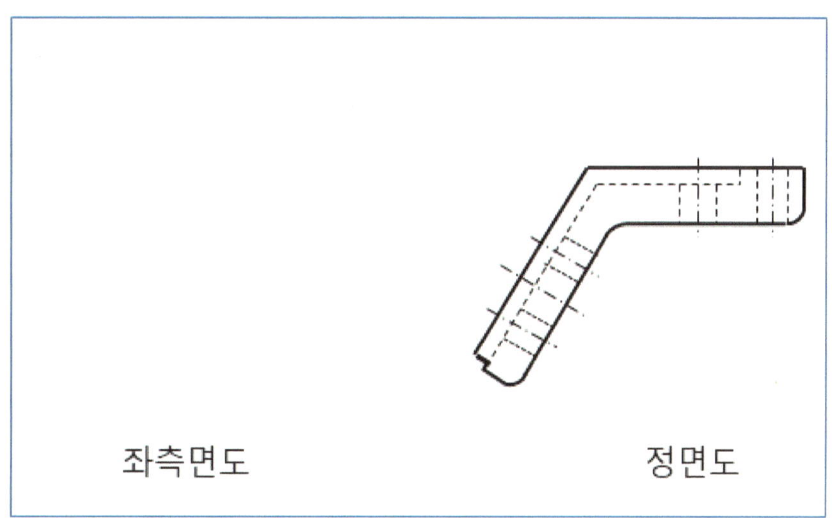

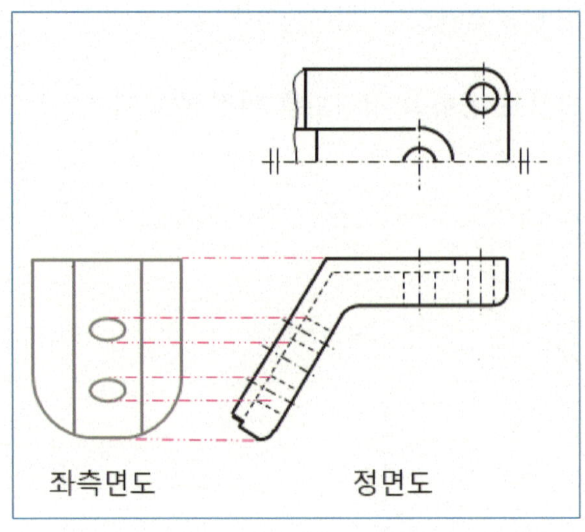

그림에서 나타난 경사면의 좌측면도는 실제 제품에서 진원으로 가공되어 있으나 정 투상 방법에 의해 타원으로 그려져 실제 모양과 왜곡되어 혼란을 가져온다. 이럴 때 좌 측면도는 위 그림처럼 그린 것을 대신해서 경사면에 수직하게 그려 넣어야 한다.

3) 위 제품 경사면의 좌측면도를 대신할 경사면에 직각인 방향의 투상을 완성하시오

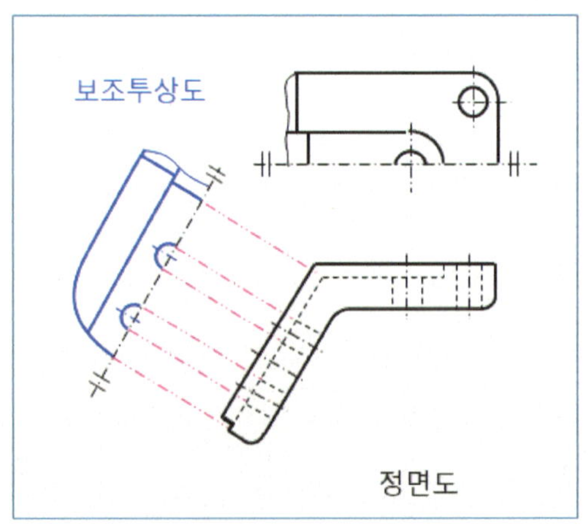

그림은 경사면 부위를 좌측면도를 대체해 경사면에 수직한 방향으로 보조투상을 완성하여 투상 도면에서 실제 제품과 같은 형태, 크기로 나타낼 수 있다.

4) 그림의 정면도와 경사면의 보조투상도를 그리면서 보조투상도에는 제품과 연계된 상관선을 같이 도면에 나타내 보세요

보조투상도는 [A]처럼 상관선을 연결하거나 또는 [B]처럼 중심선을 연결하여 나타낼 수 있다. [B]는 중심선을 연결하되 공간상의 제약이 있을 경우 축약기호 선을 이용하여 투상 내용을 평행 이동하여 나타내도 된다.

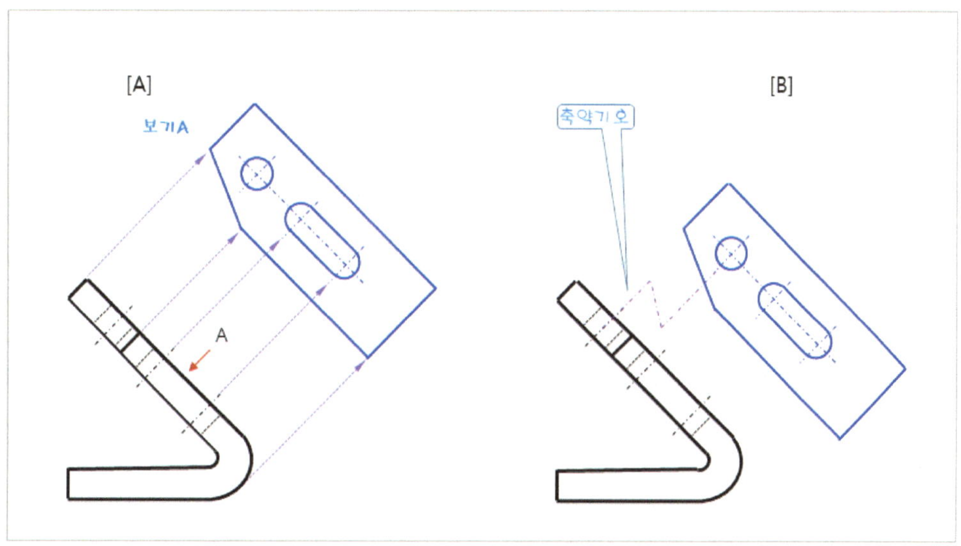

5) 그림의 화살표를 정면도 방향으로 해서 투상해 보세요

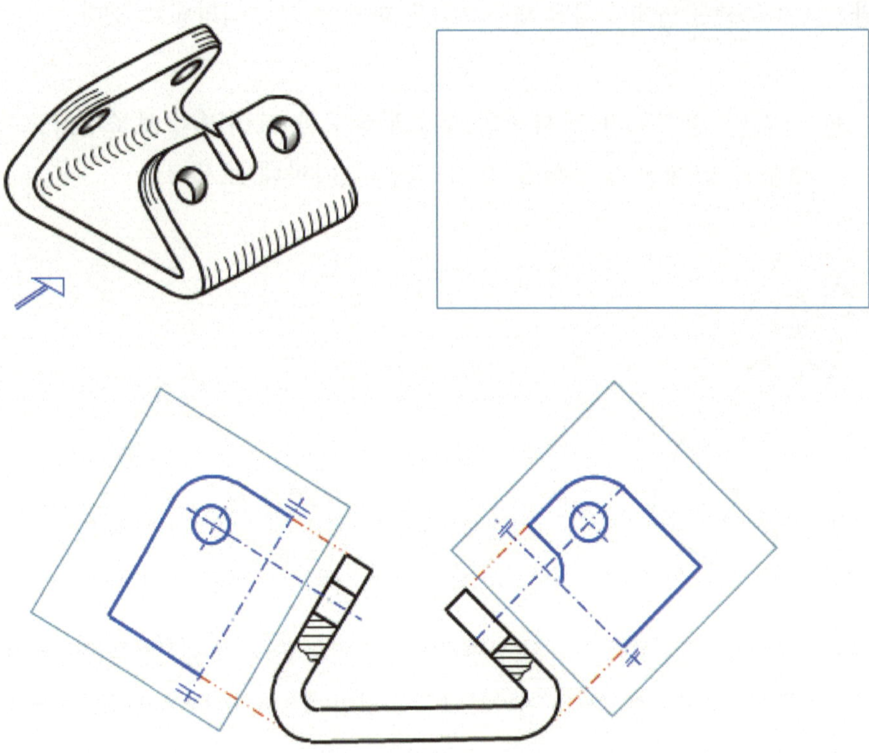

6) 정면도를 참고하여 두 경사면의 보조 투상도를 완성해 보세요

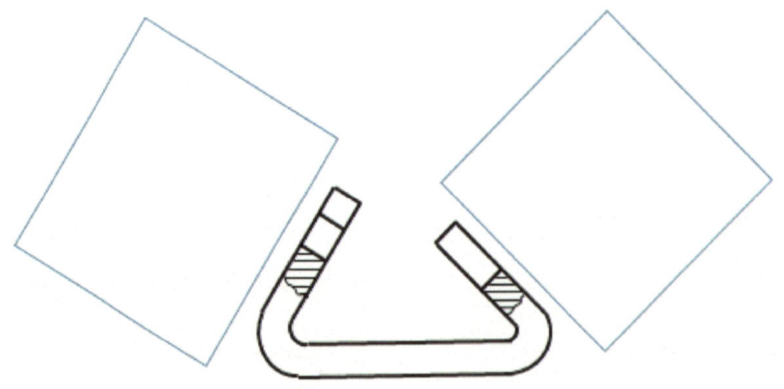

경사면 방향에 수직하게 보조투상을 하되 동시에 대칭 투상으로 절반 요소만 그리고 다칭투상 기호를 표시하였다.

4-2 회전 투상도

평면도 또는 정면도에서 볼 때 제품이 서로 회전된 각도를 이루고 있어 이런 제품을 정투상으로 투상하게 되면 소재의 치수나 투상 결과 요소의 길이 등을 나타내기 어렵다. 이런 경우에는 서로 각도를 이루고 있는 요소를 수평이나 수직 방향으로 회전시킨 것으로 가정하여 투상하는데 이를 회전투상도라 한다. 이때 회전시키는 경로의 작도선을 남겨 이해가 쉽도록 하는 것이 좋다.

1) 제품의 평면도를 완성하세요

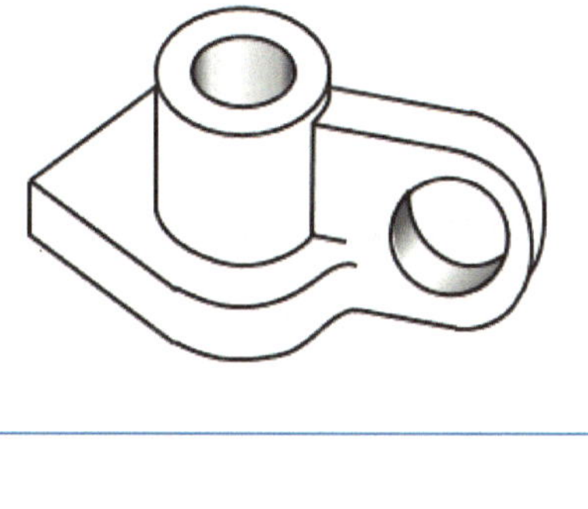

2) 평면도를 기초로 정면도를 완성하세요

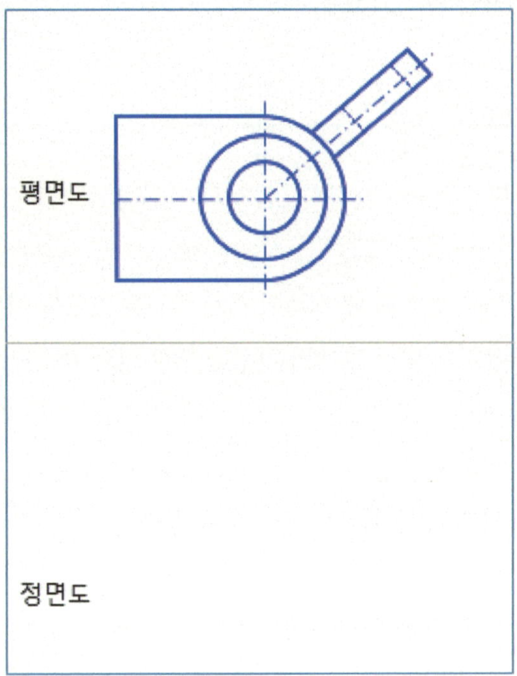

아래 위치한 평면도는 정투상 원리에 의해 완성 되었으나 원형 형상의 모양이 타원으로 그려지고 외부에 평면도상의 돌출된 회전체의 길이는 정면도에서 실제 길이보다 짧게 표현되어 혼란을 일으키므로 이런 제품은 투상시 회전투상법을 적용하여 돌출된 회전체를 수평으로 회전시켰다고 가정하고 투상하는 것이 좋다.

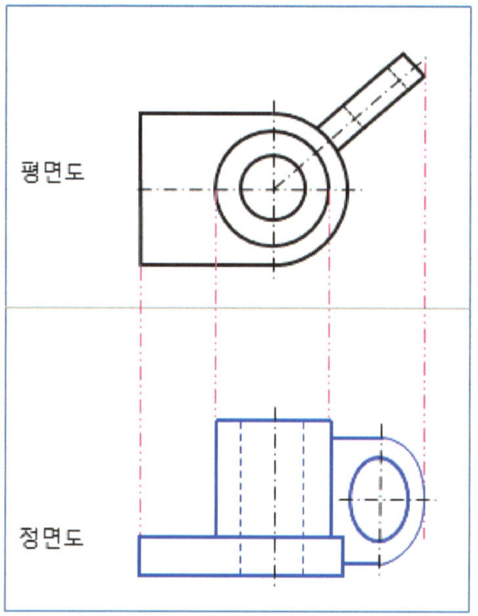

3) 그림의 정면도에서 면도상의 돌출된 회전체를 수평으로 회전시켰다
고 가정하여 회전투상으로 완성하세요

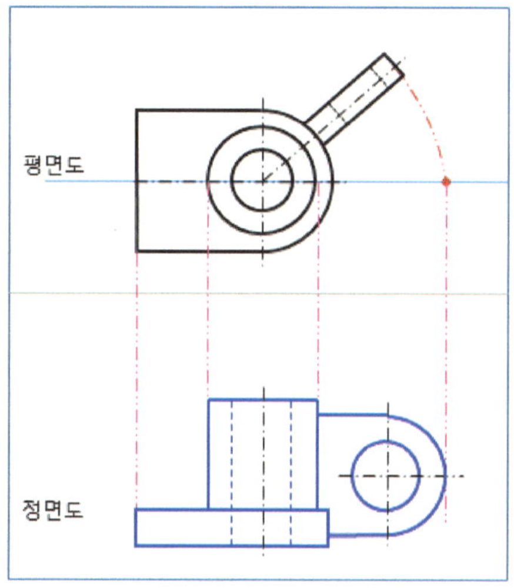

그림의 정면도는 원의 모양이 왜곡되지 않고 회전체의 크기도 원래대로 나타난다.

전체 중에서 일부를 도시하는 것으로 의자의 휠처럼 전체 중 한 가지 요소를 떼어
내 투상하는 것을 부분 투상도라 한다. 국부 투상도는 축에 있는 키이의 홈처럼 전체
요소와 함께 투상하면 복잡하거나 투상방향이 적합하지 않아 나타내기 어려운 특정
요소만을 따로 국부적으로 떼어내 연결선으로 이어서 별도의 투상방향으로 나타내
는 것을 말한다.

제품의 특정 부위가 다른 요소에 비해 작아 동일한 척도로는 모양과 특성을 알기
어려운 경우, 해당 요소를 따로 떼어내 도면 투상도 인근에 확대하여 그리는 것을 말
한다.

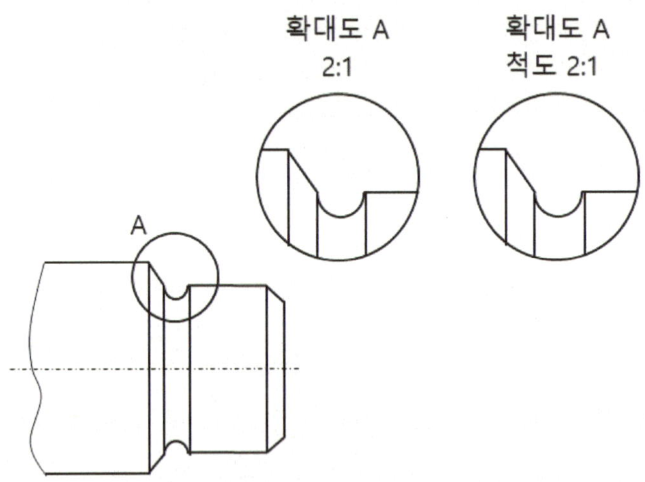

투상도 인근에 부분 확대도로 나타냈다. 이때 확대도의 척도 비율을 적되, 「척도」
라는 문자는 생략해도 된다.

4-5　나사의 특수투상

　나사는 나사산과 골이 반복으로 나타나 있는데 이를 정투상에 의해 모두 나타내면 도면이 복잡해지고 전달 효과도 떨어진다. 이런 경우는 정규적인 투상 방법을 따르지 않고 간략도 또는 능률적인 근사화법으로 그려 나타낸다.

4-5-1 나사의 종류　　　　　　　　　　　　　　　　　(KS B 0200)

　나사는 미터 보통나사를 가장 많이 사용하는데 용도에 따라 KS에 여러 종류가 있다.

구분	나사의 종류		기호	호칭 예	표준 (KSB)	비고(호칭 수열 예)
ISO 표준에 있는 것	미터보통나사		M	M8	0201	M1 1.1 1.2 1.4 1.6 1.8 2 2.5 3 4 4.5 5 6 7 8 10~
	미터가는나사		M	M8×1	0204	M1×0.2 1.1×0.2 1.4×0.2 1.6×0.2 1.8×0.2 2×0.25 2.2×0.25 2.5×0.35 ~
	미니추어나사		S	S0.5	0228	2013폐지(사실상 사용되지 않는 표준의 단체표준 전환)
	유니파이보통나사		UNC	3/8-16UNC	0203	No. 1-64UNC No. 2-56UNC 3-48 4-40 5-40 6-32 8-32 10-24 12-24 이후¼-20UNC 5/16-18UNC 3/8-16
	유니파이가는나사		UNF	No.8-36UNF	0206	No. 0-80UNF No. 1-72UNF 2-64 3-56 4-48 5-44 6-40 8-36 10-32이후¼-28UNF 5/16-24UNF 3/8-24 ~
	미터사다리꼴나사		Tr	Tr10×2	0229	
	관용 테이퍼 나사	터이퍼수나사	R	R3/4	0222	
		터이퍼암나사	Rc	Rc3/4		
		펑행암나사	Rp	Rp3/4		

구분	나사의 종류		기호	호칭 예	표준 (KSB)	비고(호칭 수열 예)
ISO 표준에 없는 것	관용평행나사		G	G1/2	0221	
	30°사다리꼴나사		TM	TM18		
	29°사다리꼴나사		TW	TW20	0226	
	관용 테이퍼 나사	터이퍼나사	PT	PT7	0222	
		평행암나사	PS	PS7		
	관용평행나사		PF	PF7	0221	

※ 미니어쳐나사(miniature screw thread): 미니츄어나사라고도 하며 시계, 광학기기, 전기기기 등에 사용하는 호칭지름이 작고 나사산의 각도가 60°인 나사

※ UNC: Unified National Course, UNF:Unified National Fine

4-5-2 나사의 제도 방법

나사는 볼트, 너트 등의 경우는 KS규격으로 표시하여 나타내는데 제품 형체 내부에 암나사 등을 만드는 것처럼 구체적인 세부 사항을 나타낼 필요가 있을 때에는 아래 방법으로 투상하여 그린다.

1) 나사는 원칙적으로 약도로써 표시한다.

2) 수나사와 암나사의 산봉우리 부분은 굵은 실선으로 골부분은 가는 실선으로 그린다.

3) 완전나사부와 불완전 나사부의 경계는 굵은 실선으로 긋고 불완전 나사부의 골밑 표시선은 축선과 30°의 가는 실선으로 긋는다.

4) 간단한 도면에서는 불완전 나사부를 생략한다.

5) 암나사의 드릴 구멍 끝부분은 굵은 실선으로 120° 되게 긋는다.

7) 수나사와 암나사의 결합 부분은 수나사로 표시한다.

8) 원형으로 표시되는 골지름은 가는 실선으로 3/4 크기 원으로 나타낸다.

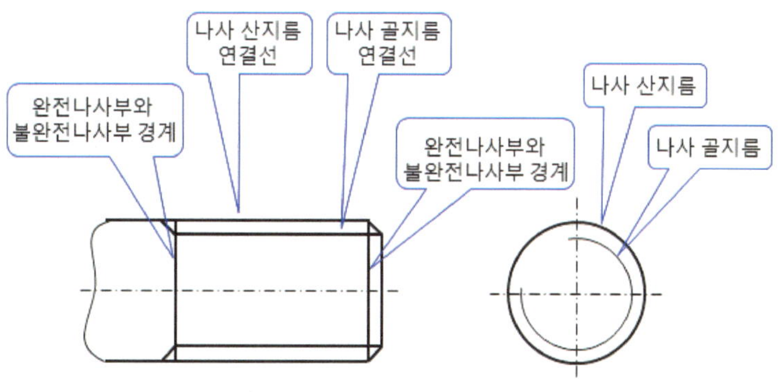

수나사의 산과 골, 완전나사부와 불완전나사부 경계

4-6 대칭 도형의 생략 도시 방법

회전체처럼 좌우 대칭의 제품은 투상 시 중심선에서 절반의 모양만 그려 다른 한 쪽은 생략하여 나타내는 것을 대칭투상이라고 한다. 대칭투상은 실제 제품이 완전한 것을 절반만 그린 것이므로 대칭임을 표시하는 기호로 중심선 끝 부분에 두 개의 평행하고 짧은 가는 실선으로 표시한다.

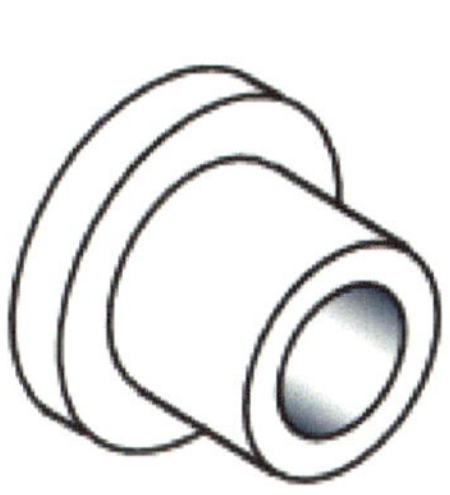

1) 그림의 정면도를 투상해 보세요

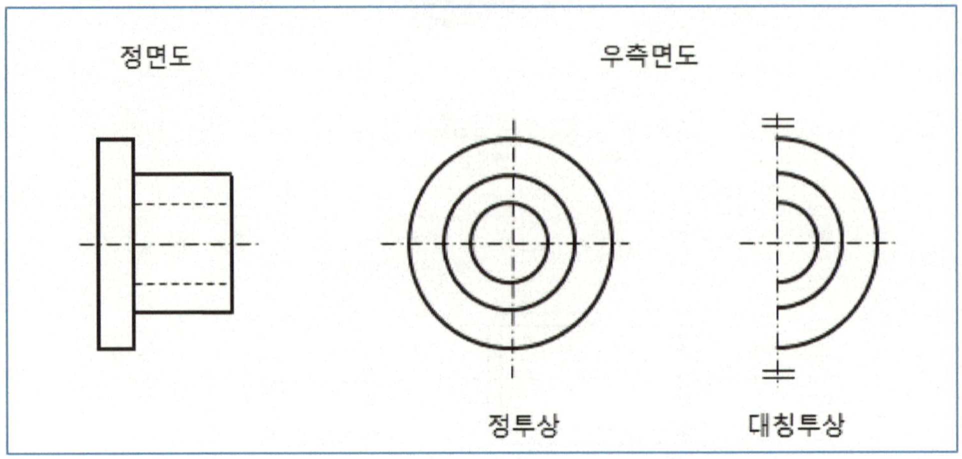

그림의 오른쪽은 정투상과 대칭투상을 각각 나타내 비교하였다. 대칭투상은 중심선(대칭선과 동일) 끝에 짧은 가는 실선 2개를 평행하게 넣는다. 또 대칭으로 그려지는 쪽과 생략하는 쪽이 있는데 바깥쪽으로 그려지게 하고 안쪽(내부 쪽)은 생략하는 모양이 되도록 한다.

4-7 **반복 도형의 생략**

같은 종류와 같은 모양의 것이 반복적으로 규칙적으로 여러 개 있을 경우, 그림처럼 일부만 투상법에 의해 나타내고 나머지는 위치 표시만으로 생략한 채 그릴 수 있다.

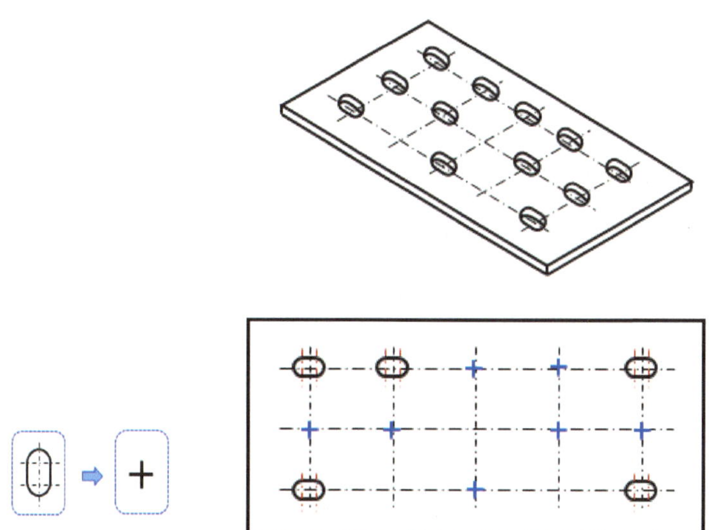

실제 모양 대신 그림 기호를 피치선과 중심선과의 교점에 기입하여 간단히 한다.

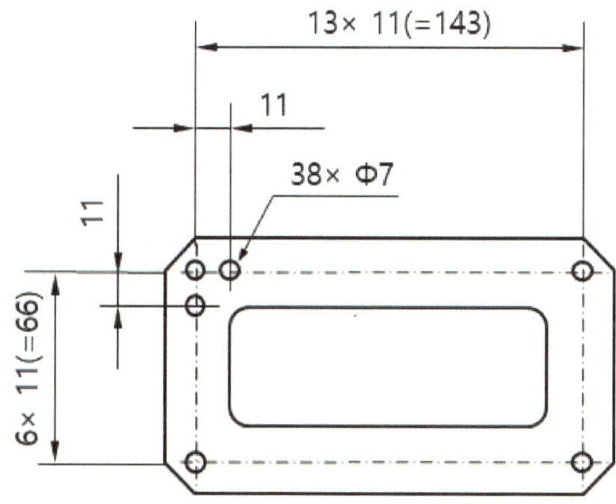

반복되는 것은 일부만 나타내고 중심선을 생략한 채 치수 기입으로 알 수 있도록 한다.

「13× 11」, 「6× 11」에서 13, 16은 치수이며 「×」다음에는 항상 여백을 주고 숫자(11_ 치수 값) 써야 한다.

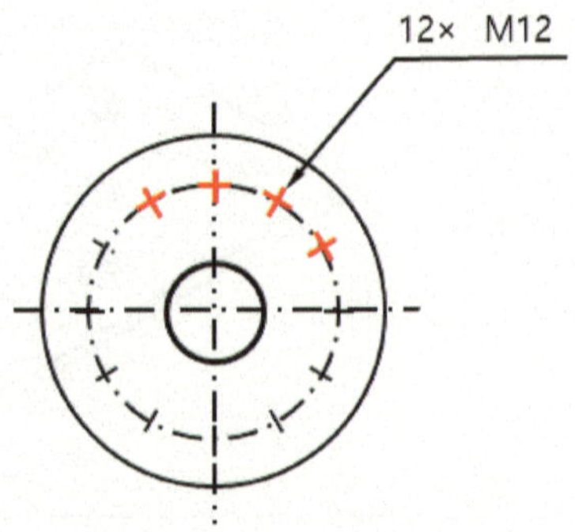

교점의 위치가 명확할 때에는 피치선에 교차되는 중심선을 생략해도 된다.

12개로 된 미터 암나사 호칭치수(수나사의 외경)가 12 mm(M12)임을 표시했다.

4-8 가공 공구의 정보를 나타내는 경우

가공에 사용하는 지그나 고정구 등의 모양을 투상 할 필요가 있을 때에는 단면의 앞부분은 그림 같이 한다.

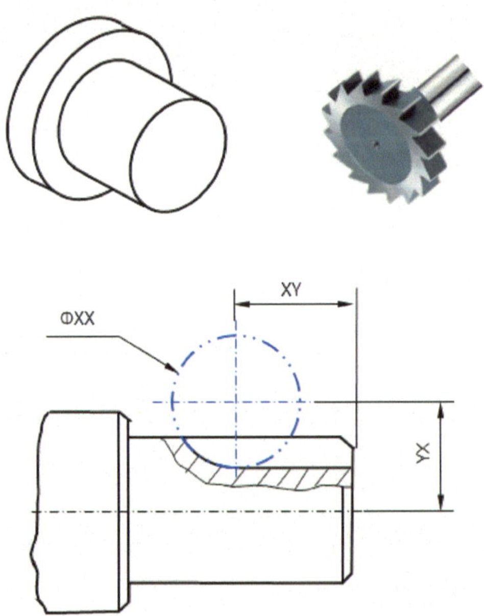

축에 키 홈을 만들어 완성하는 도면으로 아래 그림에서 파란색 가상선의 원은 가공 공구의 정보(공구 직경, 공구 중심점의 x, y좌표)등을 나타내 도면으로는 알기 어려운 가공 방법에 대한 판단을 쉽게 하도록 한다.

4-9 원통과 평면이 결합된 경우

원통에 평면이 가공된 상태로 투상 시 원통과 평면을 구분할 필요가 있는 형상의 제품은 투상 후 평면 요소에 가는 실선의 대각선을 표시하여 평면임을 나타낸다.

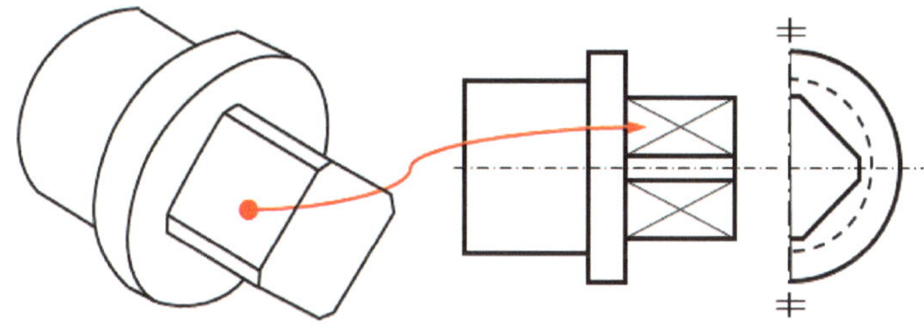

4-10 무늬 등의 표시 방법

널링, 철판, 줄무늬 강판 등 넓은 면적에 표면 특성을 나타낼 경우는 종류별 지정된 무늬를 일정 작은 범위에 나타낸다.

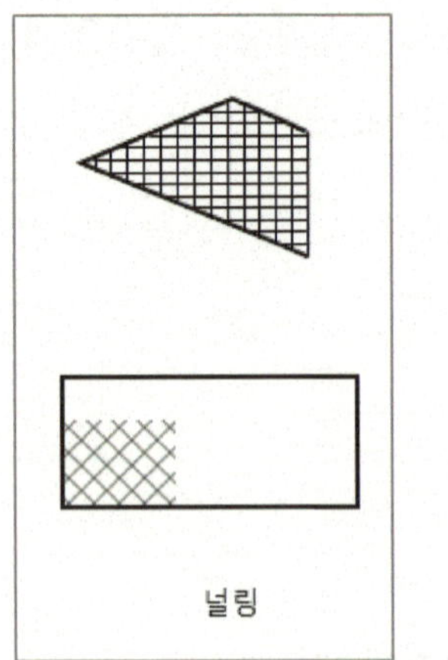

널링

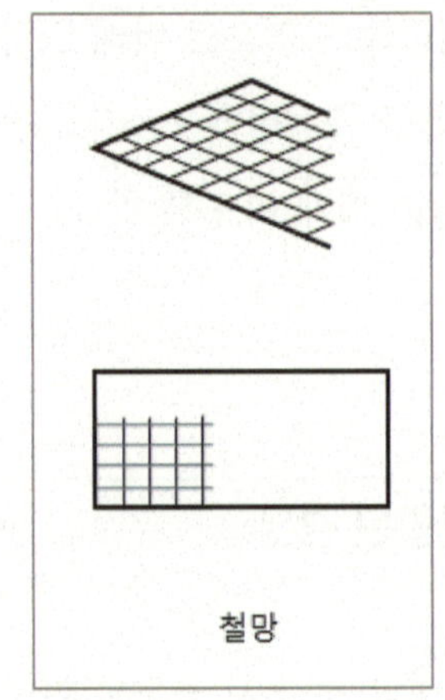

철망

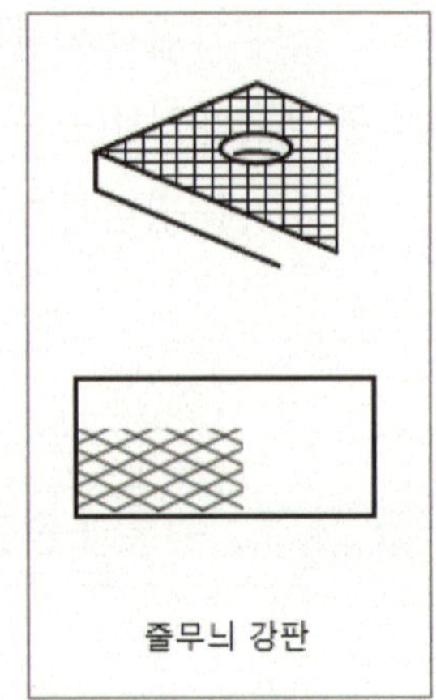

줄무늬 강판

비금속재질을 사용하는 경우에는 아래 표시와 같다.

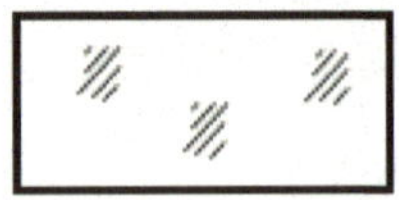

유리

목재

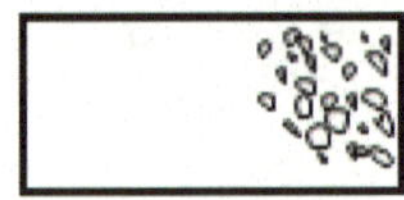

콘크리트

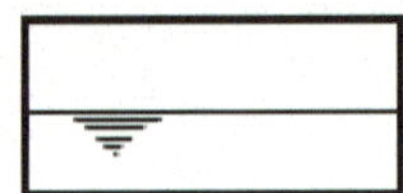

액체

4-11 간결한 도시법의 투상

그림은 앞, 뒤에 구멍이 뚫린 형상이 있는데 이를 정투상으로 그리면 뒤쪽 이미지
와 간섭이 발생되어 도면의 이해가 어려운 점이 있다.

1) 그림을 화살표 방향을 정면도로 그린 후 우측면도와 함께 투상하여 보세요

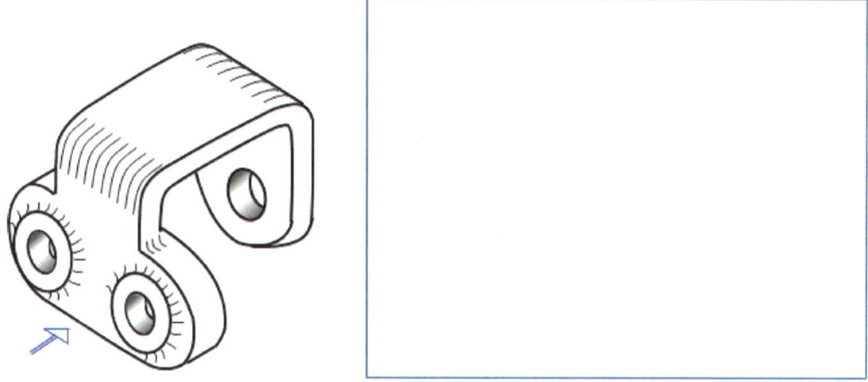

투상 결과 정면도에서 뒤쪽 형상이 파선으로 다수의 선이 교차되어 혼란스런 느낌을 준다.

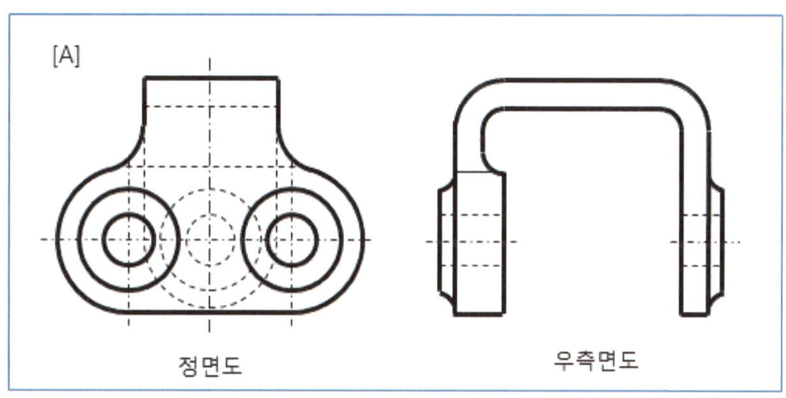

이를 간결하게 하려면 정투상에서 간결하게 특별한 도시 방법을 사용하여 그려보자. 투상 요령으로는 정면도에서는 앞쪽 형상만 투상하고 우측면도에서는 보이는 대로 정투상으로, 배면도는 우측면도는 뒤쪽에 있는 형상만 우측면도 오른쪽에 위치하도록 배치하여 나타내면 좋다.

2) 위 그림을 간결한 투상법으로 적절히 나타낸 것으로 대상물의 상태에
따라 적절히 판단하여 적용하는 것으로 기준을 제시하기는 어렵다

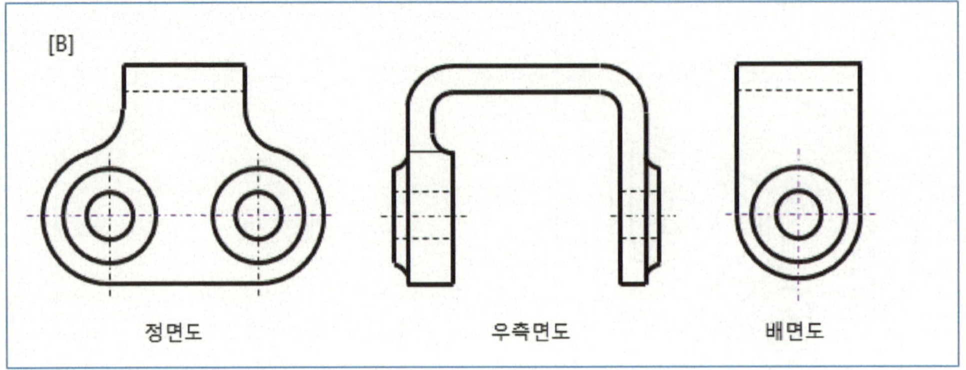

단면도

05 단면도

(KS B 0001)

물체의 보이지 않는 부분을 도시하는 데는 주로 숨은선으로 표시하지만, 물체의 내부 모양이나, 구조가 복잡한 경우에는 숨은선이 많으므로 혼동을 일으켜 단면을 정확하게 읽기 어렵게 된다.

이러한 경우에 물체를 좀 더 명확하게 표시할 필요가 있는 곳에서 절단 또는 파단 하였다고 가정하여 물체 내부가 보이는 것과 같이 표시하면 대부분의 숨은선이 생략되고, 필요한 부분이 외형선으로 분명히 도시된다.

이러한 방법으로 그린 투상도를 단면도라 한다.

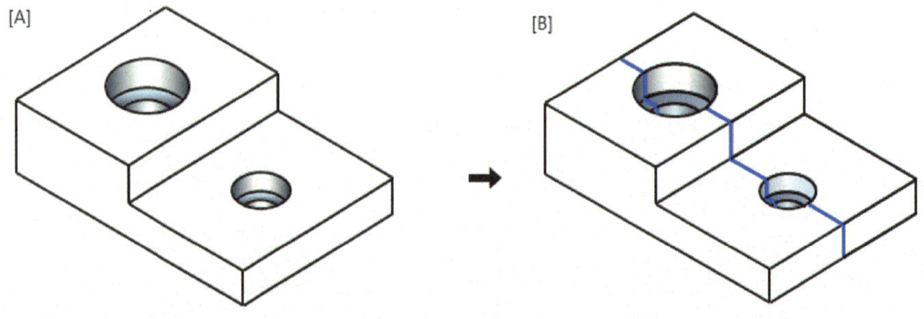

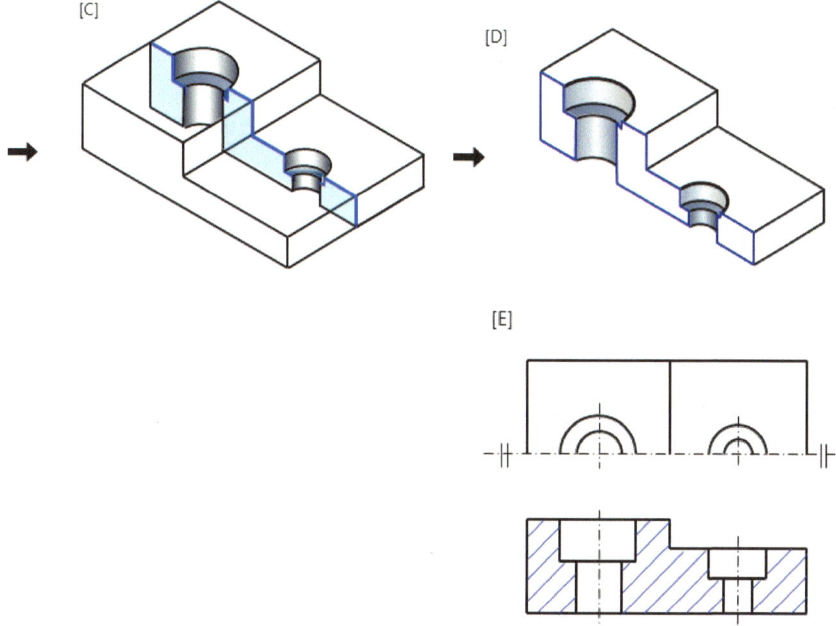

　[A] 대상물을 [B]의 일직선 방향으로 절단한다고 가정하여 [C]의 형태로 절단면이 생성되므로 내부의 관통 구멍이 실선 형태로 나타난다고 가정하여 [D]모양으로 된 제품을 투상하는 것이 되어 [E]는 완성된 단면투상으로 정면도, 평면도의 투상 결과가 완성된다.

　이때 평면도는 질직선 단면하여 혼란의 여지가 없으므로 절단 경로를 표시하지 않고 대칭투상으로 간결하게 투상하였다.

1) 단면이란 내부의 보이지 않는 복잡한 형상을 부분을 나타낼 때 그 지점을 절단하여 절단면 앞쪽을 제거하고 내부 형태가 보이도록 하여 실선으로 도시하여 도면을 명료하게 나타낸다.

2) 도면에서 절단된 면은 쉽게 구분하기 위해 전단면을 해칭 또는 스머징하여 나타내어 단면이라는 것을 확실히 구분해 준다.

　① 해칭(hatching) : 절단한 단면 요소에서 잘라졌다고 보는 지점(자리)에 단면 표시로 가는 실선의 45°(또는 임의 각도) 빗금

　② 스머징(smudging) : 단면 표시에서 해칭 외에 또 다른 방법으로, 단면 윤곽을 따라서 주변 부위를 연필이나 색연필 등으로 일정한 폭만큼 연하게 칠하는 것

3) 단면으로 표현된 면의 투상은 단면 된 지점을 대상으로 나타내며 뒤쪽에 보이지 않는 숨은선은 도면을 이해하는데 지장이 없는 한 가급적 표기하지 않는다.

4) 절단 경로가 있는 계단 단면으로 단면한 경우 정면도나 측면도에서 절단 경로에 의한 앞 뒤 경계구분 선이 있을 수 있으나 이런 절단선은 기입하지 않는다 (그림 참조).

5) 여러 부품이 결합된 상태의 조립도에서 단면을 표시 할 경우에는 부품별로 해칭선의 방향이나 각도를 서로 다르게 나타내 부품이 명확히 구분되도록 한다.

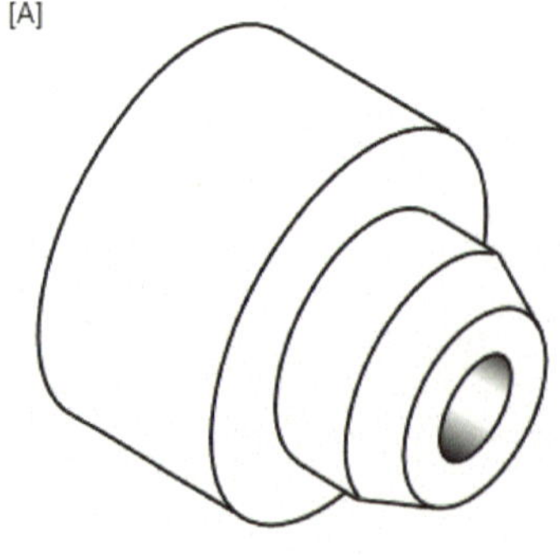

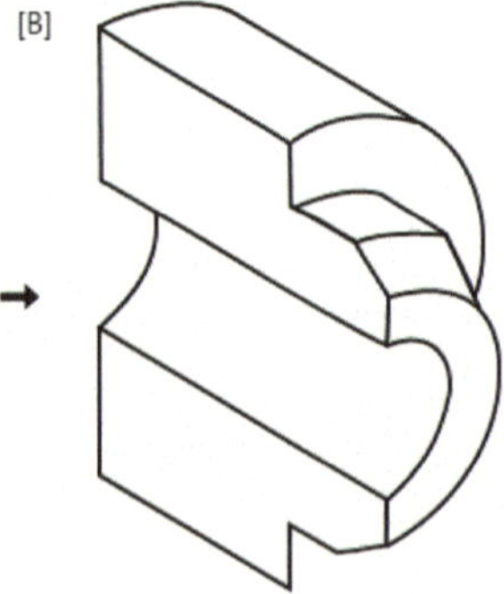

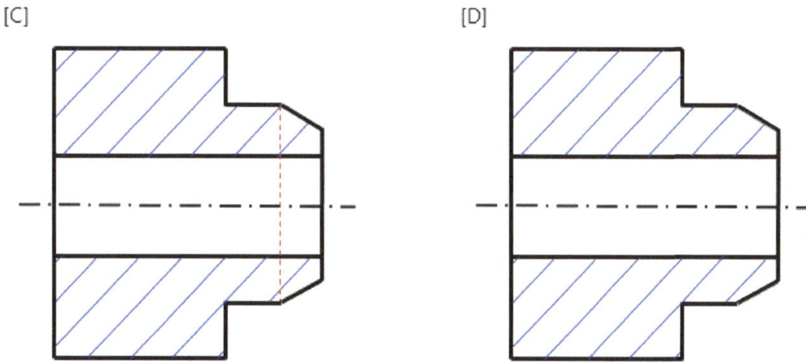

[A] 대상물은 오른쪽 바깥 모서리가 모떼기 되어 있고 내부가 평행하게 관통되어 있는데 단면 투상도는 [B]에서 오른쪽 외부 모서리 모떼기 선을 파선으로 도시했으나 단면도에서는 뒤쪽에 가려진 선은 나타내지 않고 [D]처럼 생략하여 도시한다.

5-3 단면도의 종류

온 단면도, 한 쪽 단면도, 부분 단면도, 회전도시 단면도, 조합에 의한 단면도, 다수의 단면도에 의한 도시, 얇은 두께 부분의 단면도, 긴쪽 방향으로 절단하지 않는 것의 단면도 등으로 나누며 단면 지점은 해칭으로 나타낸다.

5-3-1 온 단면도(전 단면도)

물체를 두 개로 절단하여 투상도 전체를 단면으로 표시한 것을 온단면도라 한다. 이때 절단면은 투상도에 평행하고 기본 중심선을 지나는 것이 원칙이지만, 모양에 따라 반드시 기본 중심선을 지나지 않아도 좋다. 온단면도는 다음의 내용들에 따른다.

1) 단면이 기본 중심선을 지나는 경우에는 절단선을 생략한다.

2) 숨은선은 필요한 것만을 기입한다.

3) 절단면 앞쪽으로 보이는 선은 이해에 도움이 되지 않는 경우는 생략한다.

그림은 계단형 평면 제품으로 두 평면에 2단 관통 구멍이 가공되어 있다. 관통 구멍을 잘 나타내기 위해서는 단면투상이 적합하며 구멍의 중심이 지나도록 하나의 단면으로 절단하여 투상하는 것이 좋다.

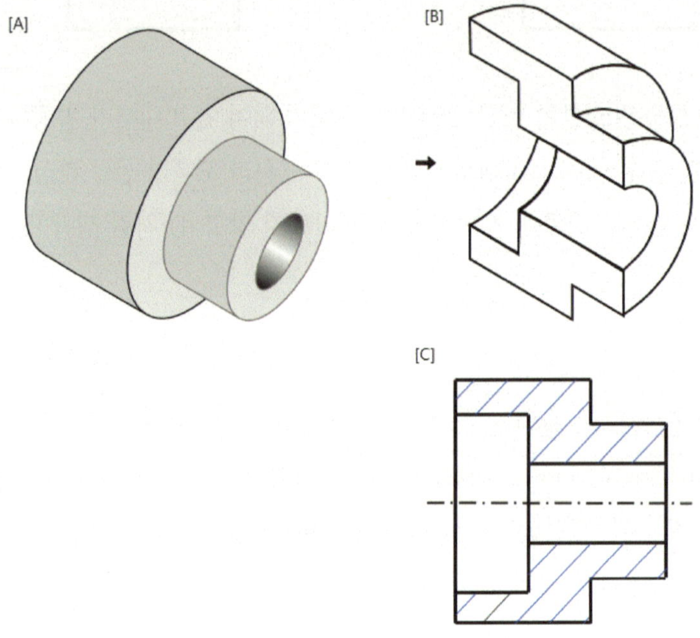

[A] 대상물은 내부가 2단 관통되어 있는데, 내부 모양을 잘 나타내기 위해 단면해 보면 [B]처럼 전체를 한 번에 단면했다고 가정하고 투상한 결과는 [C]처럼 단면투상이 되는데 [C]를 온 단면도(전단면도)라 한다. 단면도에서 중심축을 축심으로 하는 구멍이 있는 부위를 제외하고 잘려나가는 면 요소는 해칭을 하는 것이 좋다

5-3-2 한 쪽 단면도(반 단면도)

회전체처럼 상하 또는 좌우가 대칭인 물체의 1/4을 제거하여 외형도의 절반과 나머지 절반은 단면으로 그려 동시에 표시한 것이다.

1) 회전체 대칭축의 상하 또는 좌우의 어느 쪽의 면을 절단하여도 좋다.

2) 외형도, 단면도의 숨은선은 가능한 생략한다.

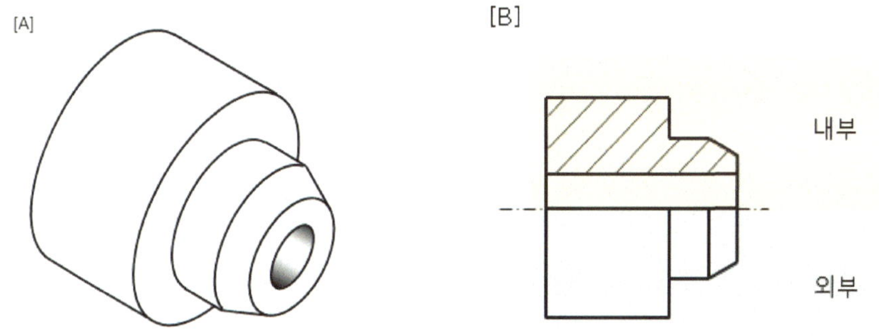

[B]는 한쪽 단면도를 나타냈는데 [A]에서 회전체 기준 1/4을 절단하였다고 가정하고 투상한 상태가 [B]인데 여기서 위쪽 부분은 단면상태 투상, 아래쪽 부분은 제품의 아래쪽 외형을 투상한 것이 합쳐진 상태로 도시되어 있다.

5-3-3 계단 단면도

절단면이 투상면에 평행 또는 수직하게 계단 형태로 절단된 것을 단면도라 한다. 계단 단면도는 다음에 따른다.

1) 수직 절단면의 선을 표시하지 않는다.

2) 해칭은 한 절단면으로 절단한 것과 같이 온단면에 대하여 구별 없이 같게 한다.

3) 절단한 위치는 절단선으로 표시하고 처음과 끝 그리고 방향이 변하는 부분에 굵은선 기호를 붙여 표시한다.

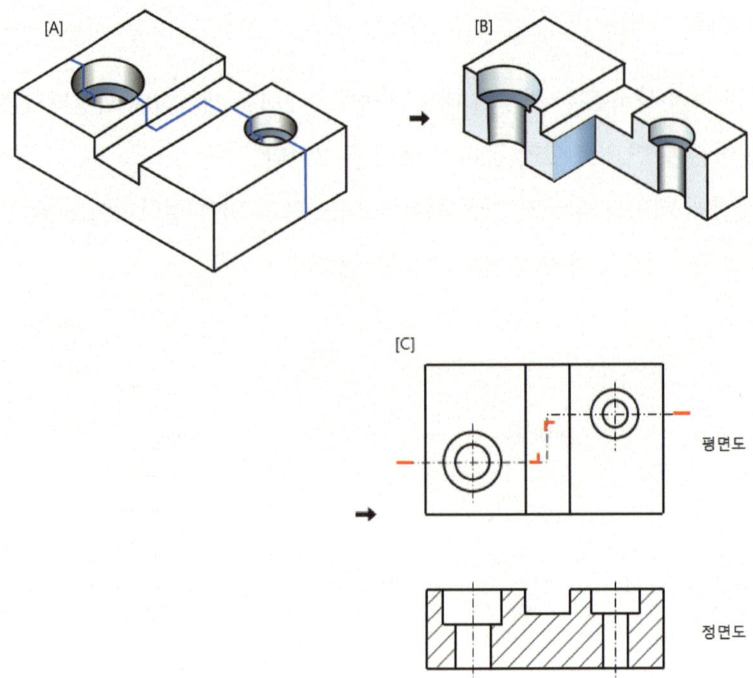

　[A]대상물은 내부가 2단 관통된 두 개의 구멍이 일직선상에 있지 않아 두 구멍을 동시에 관통하도록 절단하려면 절단 경로를 청색선처럼 계단식으로 지나가야 한다.

　[B]는 절단 가정 이후의 남은 형상이며 이를 앞쪽에서 투상하면 [C]처럼 단면투상이 된다.

　[B]에서 가운데 적색선 부위의 요소는 절단을 가정했을 때 나타난 면인데 [C]의 정면도에서 이 지점을 선(절단선)으로 나타내지는 않는다.

　(KS A ISO 128-40, KS A ISO 128-50)

5-3-4 부분 단면도

　대상물을 한쪽 단면도(반 단면도)로 나타내는 것은 절반 위치를 단면하는 것인데 그것 보다 조금 더 작거나 크게 된 지점에서 단면을 필요로 하는 임의의 지점에서 일부만을 잘라 내어 단면도로 나타낼 수가 있다. 이것을 부분 단면도라 한다. 이때 파단한 곳은 자유실선의 파단선으로 표시하고, 가는 실선(외형선의 1/2 굵기)로 그리며, 이 단면도는 다음과 같은 경우에 적용된다.(KS B ISO 129-1)

  1) 단면으로 표시할 범위가 작은 경우

  2) 키, 핀, 나사 등과 같이 원칙적으로 길이 방향으로 절단하지 않는 것을 특별하게 표시하는 경우

  3) 한 쪽 단면으로 했을 때 단면의 경계가 혼동되기 쉬운 경우

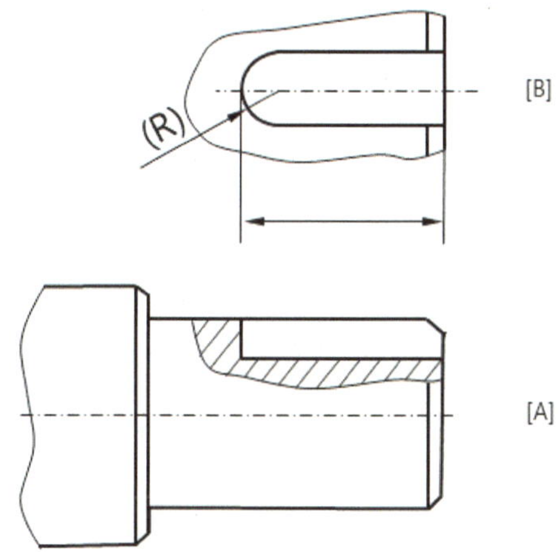

그림의 [A]는 부분단면도, [B]의 키 홈의 국부투상이다.

5-3-5 회전 도시 단면도

핸들이나 바퀴의 암, 리브, 후크, 축 등의 단면은 일반 투상법으로는 표시하기 어렵다. 이러한 경우는 대상물을 정투상하는 것에 축 방향에 수직으로 절단(90° 회전하여)하여 단면을 바라 본 형태를 정투상에 합성하여 그린다. 이것을 회전 단면도라 한다.

① 합성하여 그리는 방법으로는 절단한 전 후를 파단해서 그 사이에 단면(도)을 그려 넣는 방법

② 절단한 지점을 나타내고 바깥쪽에 연장선 그은 선을 기준으로 돌출되게 단면을 나타내는 방법

③ 정투상 도시된 곳에 절단한 지점을 나타내고 절단 지점 내부에 가는 실선으로 단면을 나타내는 방법이 있다

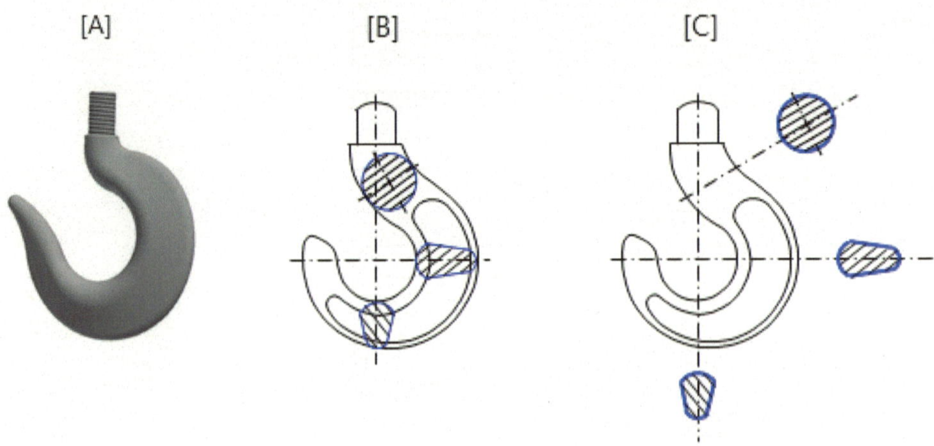

[A]는 후크의 그림으로 단면부위 형상이 위치마다 달라서 이 단면의 형태를 나타내려면 회전단면 기법으로 표현해야 하는데 정면도 내에 지정 위치에서 단면한 것을 90° 회전시켜 혼합해서 나타내는데 [B]처럼 내부에는 가는 실선으로 [C]처럼 외부에서는 굵은 실선으로 외형선을 사용해서 도시한다.

5-3-6 조합에 의한 단면도

기본적으로 단면도는 일직선으로 절단하여 그 단면을 투상하는 것인데 절단 시작점과 끝 지점이 일직선이 아닌 경로를 가지고 있거나 임의 각도 형태로 절단하여 단면을 나타내는 경우기 있는데 이렇게 나타내는 것을 조합에 의한 단면도라 한다.

　플랜지 형상에 복수의 홀수 개 구멍을 단면하는 경우나 구부러진 관의 중심을 따라 단면하는 경우가 해당된다.

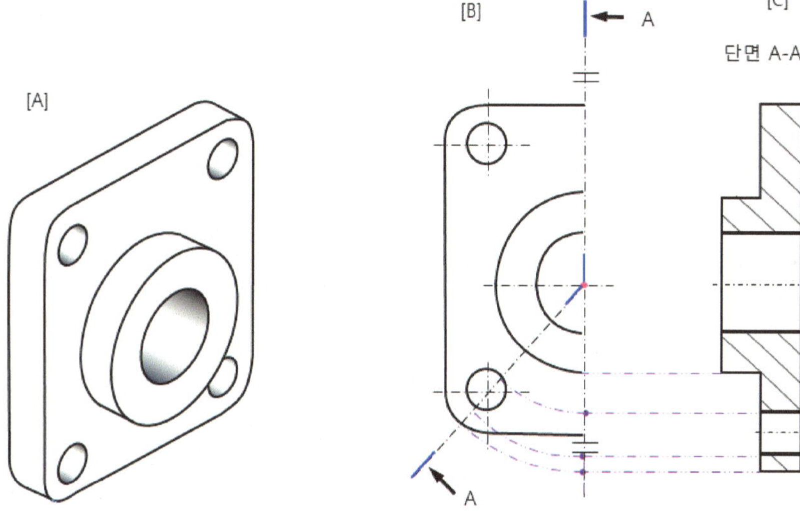

　[A]는 중앙의 큰 구멍과 네 모서리에 작은 구멍이 4개가 만들어진 형태로 중앙에 큰 구멍과 모서리 4개의 구멍을 동시에 절단해서 단면투상으로 나타내려면 일직선 상의 절단선은 불가능하고 [B]처럼 수직한 중심에서 모서리 대각선 방향으로 A-A 보기처럼 절단 경로를 설정(조합에 의한 단면)해야 하며 이것을 회전투상으로 그린 것이 [C]이다.

5-3-7 다수의 단면도에 의한 도시

　다단으로 구성된 회전축의 경우 축의 강도를 고려하여 동력을 연결하는 여러 단 위치에 서로 다른 각도 방향으로 키 홈을 가공하여 사용하는데 이럴 때 여러 키 홈의 세부 형상을 단면도로 나타낼 때 키 홈 위치마다 단면도를 배치하여 그리는 것을 말한다.

다수의 단면도에 의한 도시(대상물에서 단면으로 나타낼 지점이 여러 군데) 도면 표 아래에 별도 표시 단면을 표시하는 방법에는 절단선을 긋고 그 양쪽 끝 부분에 단면을 보는 방향으로 화살표 표시와 문자"A"(양쪽)를 하고 단면도로 나타낸 그림에 「"단면 A-A", "보기A-A"」, 「"단면 B-B", "보기B-B"」 등으로 표시한다.

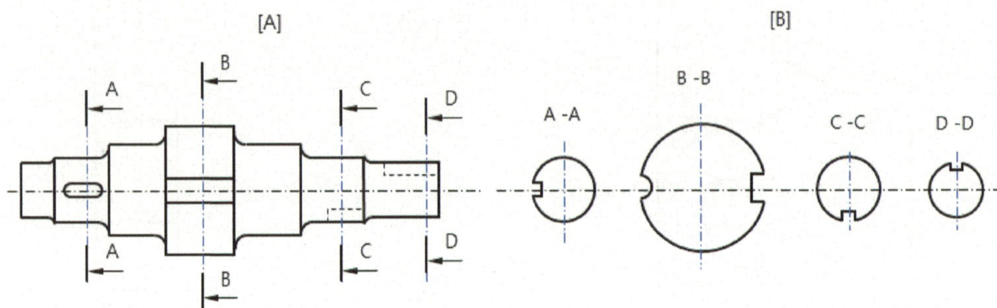

[A]는 다단 축으로 동력을 전달하기 위한 키 홈이 각기 다른 각도로 만들어져 있는데, 이 키 홈 모양이 다른 경우 각각 위치마다 단면해야 하며 단면도 [B]처럼 다수 단면도로 일렬 중심선으로 그려 나타낸다. 이때 [B]처럼 다수 단면도의 위치와 단면 여부를 그림으로 명확하게 알 수 있어 단면의 해칭선은 하지 않아도 된다.

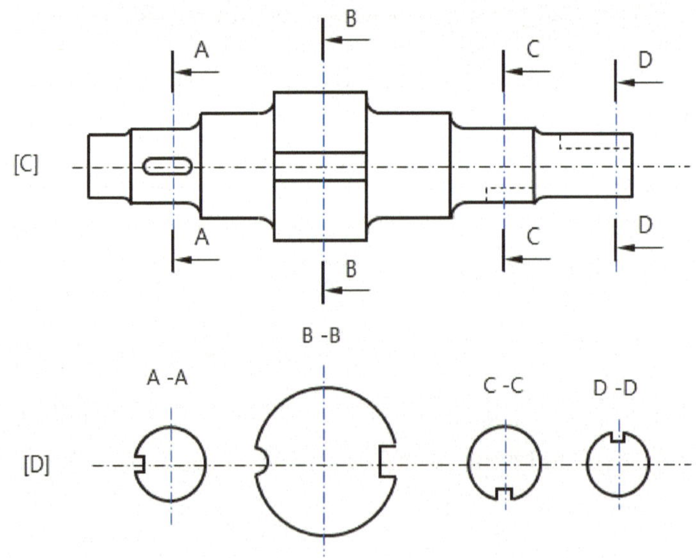

그림에서 [D]는 일련 평행의 단면도 방법으로 도시되었다.

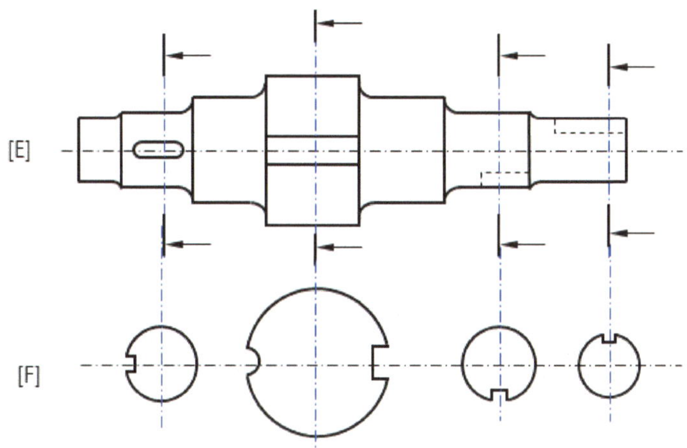

그림에서 [F]는 대상물의 단면 위치를 중심선으로 연결하여 직접 단면을 도시한 경우이므로 도시 방향 기입은 하지 않아도 된다.

5-3-8 얇은 두께 부분을 나타내는 단면도

개스킷, 얇은 판, 얇은 형강 등을 단면할 경우 비례척을 적용하여 투상하면 두께가 얇아서 단면 여부를 분간하기 어렵다. 이때는 실제 치수와 상관없이 아주(매우) 굵은 실선으로 단면을 그린다.

1) 아래 그림은 두 개의 판이 겹쳐 조립된 형태이다. 두 판 사이에는 얇은 개스킷 ([A]그림 가운데 얇은 적색 선)이 들어있어 두 판의 체결 이후 기밀 등을 유지하는 데 역할을 한다. 이 박판의 개스킷이 조립된 상태의 조립도를 정투상 방법으로 정면도로 나타내면 두 판의 외형선에 비해 얇아 표현되기 어려우나 KS에서는 이런 경우 [B]에서처럼 청색선으로 된 아주 굵은 선으로 나타내게 되어 외형선과 구분되어 알 수 있다.

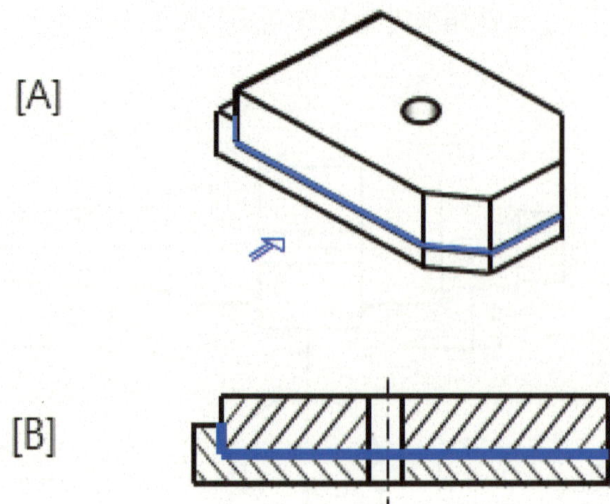

5-3-9 긴쪽 방향으로 절단하지 않는 것의 단면도

축, 핀, 볼트, 너트, 와셔, 작은 나사, 리벳, 키, 테이퍼핀, 볼베어링의 볼, 리브, 웨브 바퀴의 암, 기어의 이 등의 부품은 절단하여 표시했을 때 잘못 이해되거나 단면으로 나타낸 내용을 이해하는데 도움을 주지 못하는 것들로 이런 부품들은 길이가 긴 쪽(축 방향)의 수직 방향으로 절단하여 단면도로 그린다.

5-3-10 특수한 경우의 단면 표시법

리브, 웨브 등의 요소는 절단하게 되면 형상이 불명확하게 되거나 오독할 염려가 있고 본체의 두께가 분명하게 나타나지 않으므로 리브는 길이 방향으로 절단하지 않는다.

치수 기입

06 치수 기입

도면에는 제품의 형상(모양), 크기, 치수, 표면거칠기, 끼워맞춤 등의 여러 내용을 포함하고 있다.

6-1 치수 기입의 원칙

도면에 치수를 기입하는 경우에는 다음에 유의하여 적절히 기입한다.

1) 대상물의 기능, 제작, 조립 등을 고려하여 필요한 내용을 명료하게 기입

2) 크기, 자세 및 위치를 나타내는데 필요한 내용을 중복되지 않게 충분히 기입

3) 치수는 치수선, 치수보조선, 지시선, 치수 보조 기호 등을 이용해서 치수 수치를 기입

4) 치수는 되도록 주 투상도(정면도)에 집중해서 그린 후 타 투상면도에 나타냄

5) 특별히 면시한 경우를 제외하고 대상물의 다듬질 치수(완성 치수)를 기입

6) 가공 또는 조립 시에 기준이 되는 형체가 있는 경우에는 그 형체를 기준으로 해서 기입

7) 도면의 이해를 돕고자 동일한 치수 값을 다른 투상면도 등에 복수로 기입하는 중복 치수 기입의 경우에는 치수 숫자 앞에 식별기호로 흑점(•) 글머리표를 씀

8) 다른 치수를 미루어 알 수 있는 요소의 치수는 중복 기입이므로 기입 하지 않는 것이 원칙이나 도면의 이해를 위해 기입하는 경우는 괄호( )안에 기입

9) 치수는 이론적으로 정확한 치수(기하공차 해석의 도면에서 사용)를 제외하고 기준치수와 공차치수로 구분해서 기입하되 KS B ISO 2768-1의 「개별 공차지시가 없는 선, 각도 치수 공차」의 표준 값을 적용하는 경우는 기준치수만 기입하고 「모따기를 제외한 선 치수에 대한 허용편차」의 공차가 적용되는 것으로 봄

10) 직경요소 등의 상용 끼워맞춤 요소의 공차는 KS B 0401 「치수공차의 한계 및 끼워 맞춤」의 상용 축이나 구멍 기준 끼워맞춤 등급으로 나타냄

6-2 치수 기입의 요소

6-2-1 치수선

형체의 크기나 범위, 형체 사이의 거리 등을 나타내며 두 개의 치수 보조선 사이를 지시하며 치수선 양 끝은 단말기호(끝부분 기호)가 있으나 누진치수 기입시에는 한쪽 끝에는 기점기호와 다른 쪽 끝에는 단말기호를 사용한다.

6-2-2 치수 보조선

치수선의 양 끝 지점을 나타내는 선으로 형체의 끝에서 연장한 선 또는 중심선에서 연장한 선으로 사용하게 된다.

6-2-3 중심선

축의 중심, 평면의 중심 등 중간 형체의 지점을 나타내는 선

6-2-4 기점기호

누진치수 기입 방법으로 치수 기입시 치수기입을 시작하는 원점이나 기점을 표시하는 내부가 채워지지 않은 작은 원

6-2-5 단말기호

치수선 양 끝에 사용하는 단말 기호 모양 종류는 화살표, 사선이 있으며(KS B ISO 129-1) 단지 KS B 0001에는 화살표, 사선, 흑점으로 분류하고 있으나 개정 과정으로 보아 129-1의 기준으로 판단하는 것이 옳은 것으로 보인다.

129-1에서 치수선 단말기호에 제시한 흑점은 양 끝에 사용하지 않으며 작은 치수선과 치수선 사이에 공간이 협소한 곳을 화살표로 된 단말기호는 크기가 커서 나타내기 어려우므로 이때 흑점 하나로 표시한다.

1) 단말기호 사용 형식 : 30°폐쇄형(채움, 안채움), 30°개방형, 90°개방형

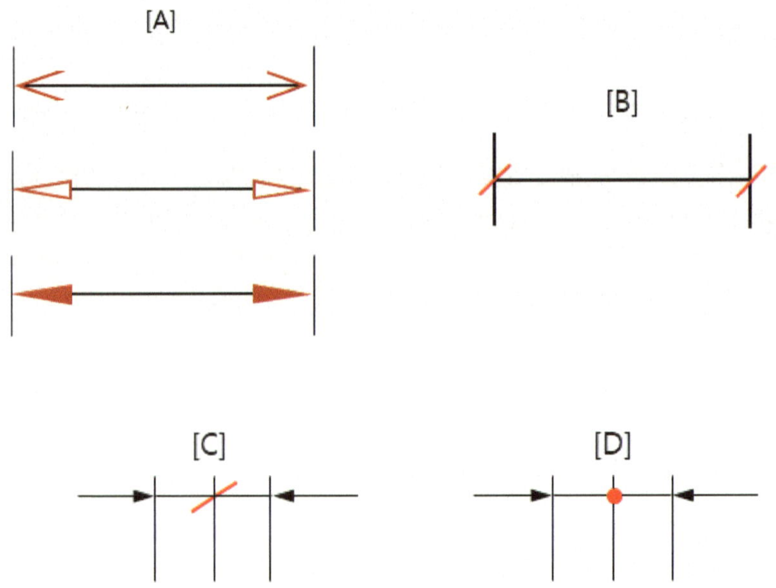

[A]는 화살표, [B]는 사선, [C]는 화살표 사이 짧은 사선, [D]는 화살표 사이 점을 사용한 경우를 보여주고 있다.

6-3 치수기입 방법

6-3-1 치수값 기입

(KS B ISO 129−1)

1) 선/길이는 일반적으로 밀리미터(mm)로 기입하고 단위 기호는 붙이지 않는다.
2) 각도 치수의 수치는 도(°)단위로 기입하고 필요한 경우에는 분(′)과 초(″)를 병용해도 된다.
3) 치수값은 치수선에 평행하게 위치, 치수선 위쪽, 치수선 길이의 중앙, 치수선과 문자와 기입선 사이는 선 두께의 최소 2배 이상 떨어진 곳에 쓴다.
4) 치수값은 어떤 선과도 교차하지 않도록 한다[중복 시 3) 보다 4) 우선].

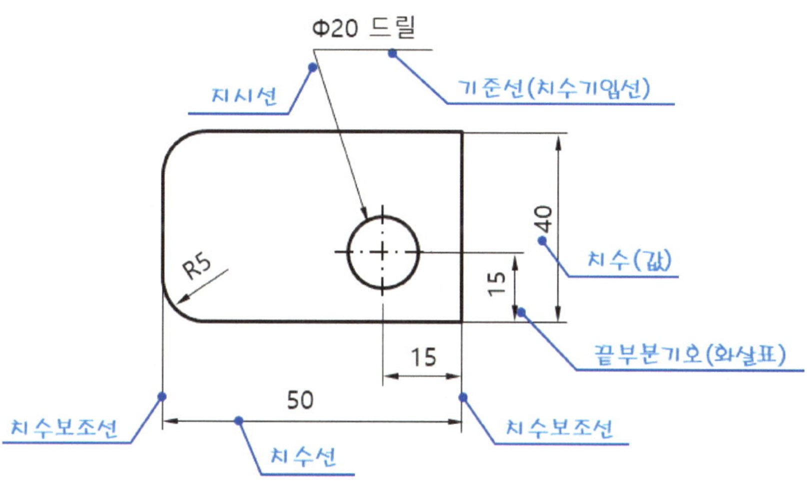

6-3-2 치수값에 특성을 부여하는 지시자와 여러 유형의 치수 기입

치수값에는 수치와 함께 사용되는 기호에 의해 수치의 성질을 결정짓는 기호가 있다.

의미	기호	관련 내용
지름	Ø	원통 형체나 원형 형제의 지름
반지름	R	원통 형체나 원형 형제의 반지름
정사각형	□	정사각형 형체 4개 변의 크기
구의 지름	SØ	구 형체의 지름
구의반지름	SR	구 형체의 반지름
호의 길이	⌒	곡률 치수, 원호길이
두께(얇은것)	t=	얇은 형체 두께
45˚ 모떼기	C	45˚의 모떼기의 값
참고치수	( )	미루어 알 수 있는 중복된 치수
깊이	↧	구멍이나 내부 형체 깊이
원통형 카운터보어	⊔	• 원통형 가공 구멍에 더 큰 직경으로 깊이 가공 • 기호 위에는 관통 직경,오른쪽에는 카운터보어직경 표시
카운터싱크	∨	• 원통형 가공 구멍에 더 큰 직경으로 모서리 따내기가공 • 기호 위에 관통구멍 직경, 오른쪽에 모따기직경 표시
사이	↔	참조문자와 연결하여 사용되는 제한영역 범위의 표시

1) 그림 [A]는 Ø10 관통 구멍 위쪽 표면에 Ø15의 카운터보어로 깊이 3 mm 가공
하는 것을 지시한 도면으로 카운터보어 기호를 사용하여 나타낸 것으로 [B]와
같은 의미이다.

[A]　　　　　　　　　　　　　　　　　　　[B]

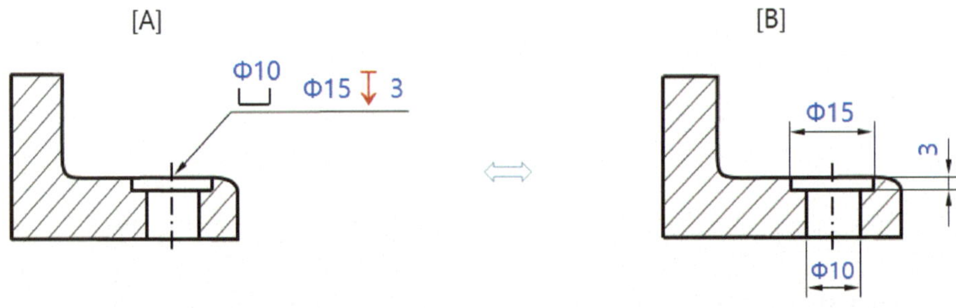

2) 그림 [C]는 $\phi 8$ 관통 구멍 위쪽 표면에 $\phi 12$의 카운터싱크를 가공하되 카운터
싱크 공구의 벌어진 각도는 90°를 사용, 가공하는 것을 지시한 도면으로 [D]와
같은 의미로 해석되는 것으로 카운터싱크 깊이는 임의 적당한 크기로 한다.

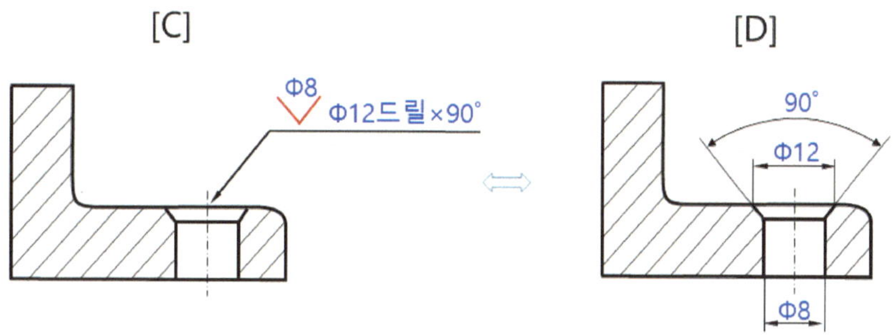

3) 반지름을 지시하는 문자기호 R은 형체가 원의 일부임을 나타낼 때 사용하며
사용하는 치수선(지시선)에는 하나의 단말 기호만을 사용해야 한다. 화살표
단말 기호를 사용할 때 반지름 크기에 따라 화살표는 외형선 바깥쪽 방향에서
안쪽으로 해도 되고 안쪽에서 바깥쪽 방향으로 해도 되며 이때 중심을 나타낼
때는 흑점으로 그 위치를 나타낸다. 치수선은 원호의 한 쪽에만 화살표를 붙이
고 다른 쪽에는 붙이지 않는다 경우 [F]~[I] 방법으로 도시하면 된다.

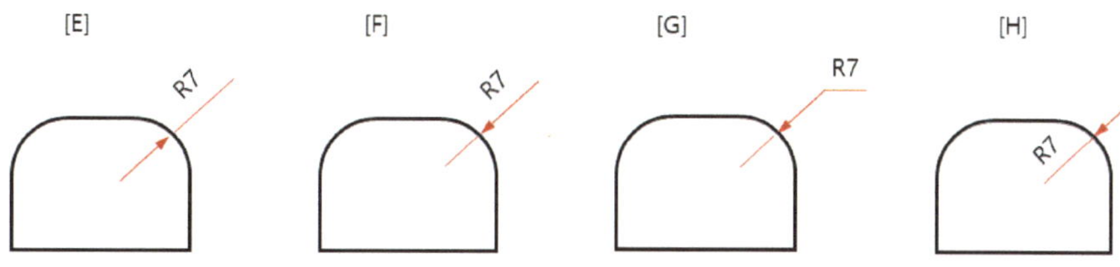

4) 반지름 치수가 커서 반지름 중심점 지점이 제도할 공간 밖으로 나가게 될 경우
는 치수선(지시선)을 축약기호 모양의 꺽는선으로 사용해 나타낸다.

이때 반지름 중심 위치를 표시할 필요가 있는 경우에는 줌심은 [I]의 적색선 처럼
굵은 실선의 십자표식을 떨어진 위치 정보와 함께 나타낸다.

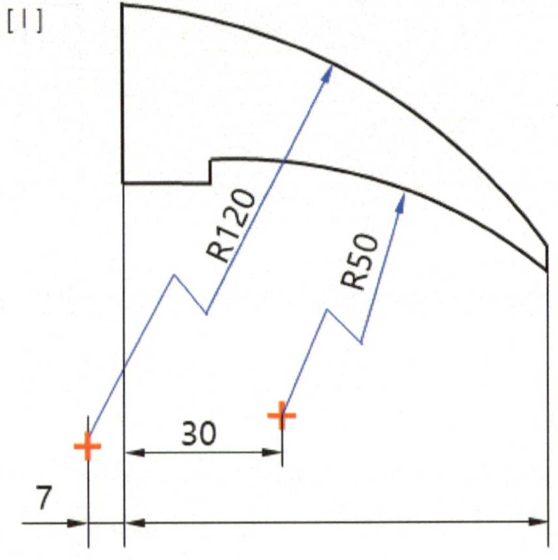

5) 키 홈의 평면 투상처럼 평행선을 연결한 반 원형 형체의 반지름은 치수 값을 표
시하지 않고 반지름 기호(R)로 나타내도 된다.

도면의 [J], [K], [L] 모두 가능한 표현이다.

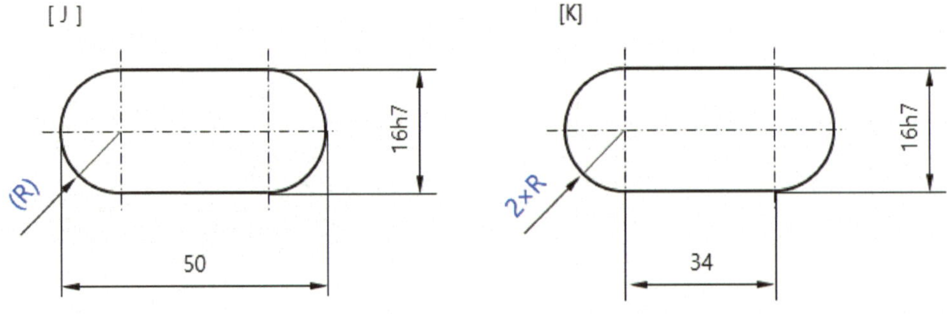

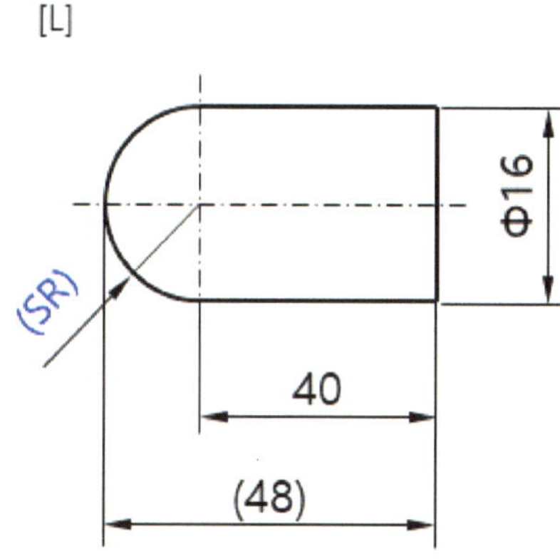

6) 구 모양에서 지름은 S∅기호, 반지름에 대해서는 SR로 치수값 앞에 지시하여야 한다. [M]에서 SR50을 내부에 치수선으로 나타내도 무방하다.

[N]에서 구의 직경 지시할 때 ① , ② 방법 모두 가능하다(두 개 중 하나 선택).

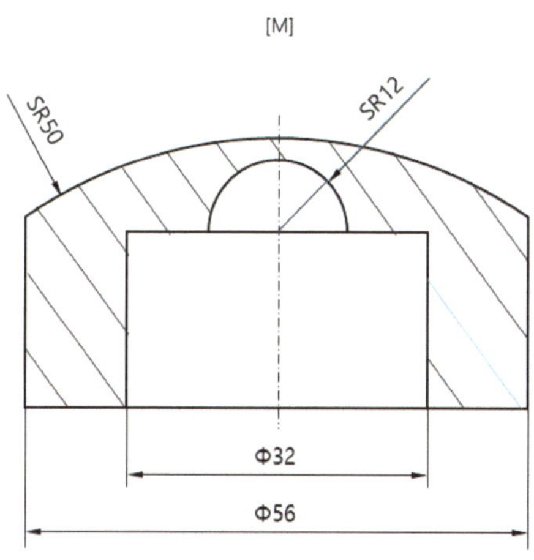

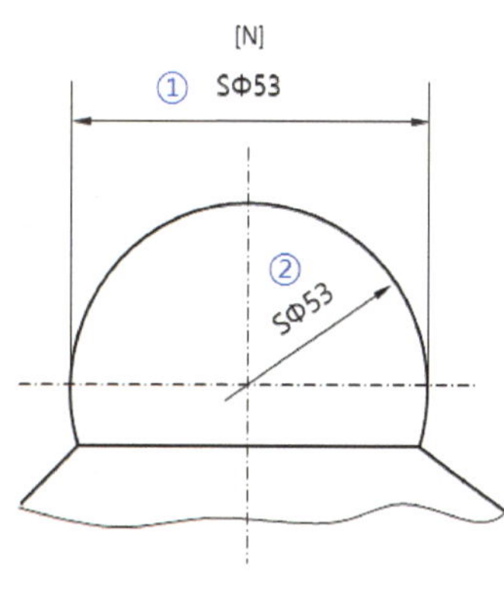

7) 호, 현 및 각도 기입

현, 호의 길이를 나타내기 위한 보조선은 [P], [L] 처럼 평행하게 하고 각도를 나타내는 보조선은 [Q]처럼 중심을 향하게 하여 사용한다.

호의 길이 수치값의 반원 모양 표시는 종전 값 위에 사용했었으나 현재는 치수값 앞쪽에 사용하는 것으로 KS B 0001, KS B ISO 129-1에 모두 개정되어 정의되어 있다.

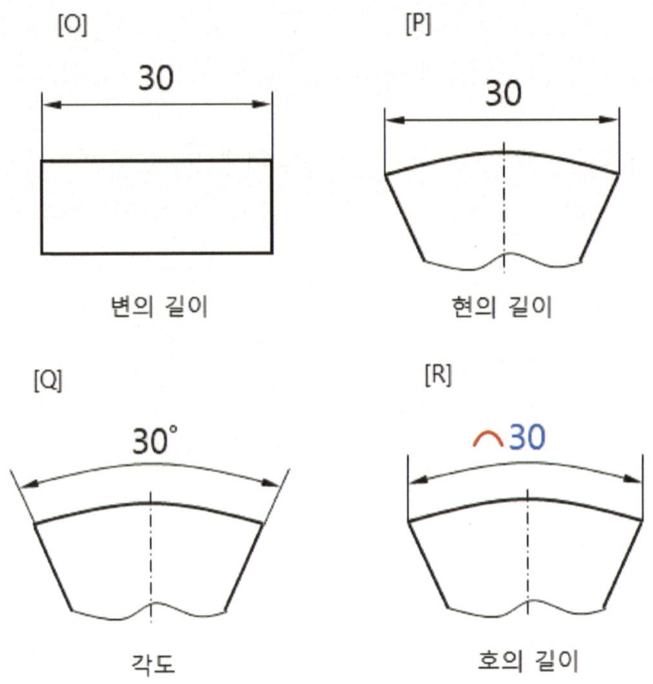

8) 선길이와 각도 치수값 기입 방향

치수값은 치수선 위에 수직한 가운데에 위치하도록 표시하는데 특정 각도 방향에서는 위 아래 방향에 대한 구분이 혼란을 일으키는 관계로 이런 구간은기입하지 않는 구간으로 한다.

[A]에서 40크기의 길이 치수선에 치수값을 기입하고 있는데 파란색 구간 두 곳에는 치수 기입을 피하는 것이 좋다.

[A]

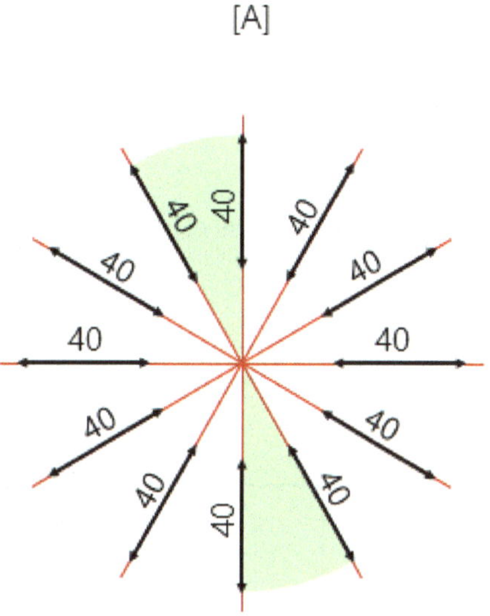

각도치수기입을 [B]와 [C]에서 보여주고 있으며 가급적 중심을 향하도록 [B]처럼 하는 것을 권장한다(KS B ISO 129-1).

[B]   [C]

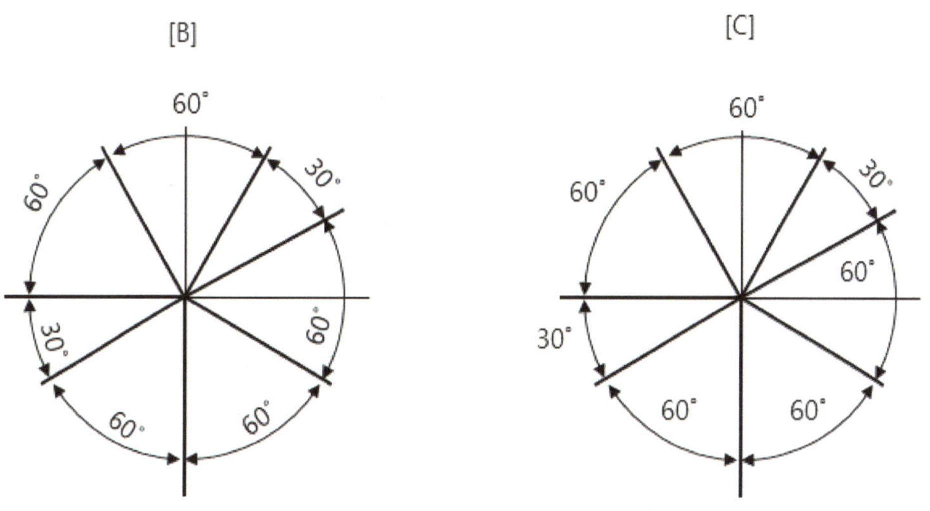

7) 정사각형 치수

부분의 단면이 정사각형일 때 그 모양을 그림에 표시하지 않고 정사각형인 것을 나타내기 위하여 투상된 가로 또는 세로 한 곳의 치수 앞에 치수 숫자와 같은 크기로 정사각형의 한 변이라는 것을 나타내는 정사각형 기호(□)를 기입한다.

투상도의 정사각형 평면은 직경 50의 회전체에 연결된 평면으로 평면의 대각선 방향에 가는 실선이 표시되었으며, 치수 26에는 정사각형 기호가 같이 사용되어 가로 방향 치수도 26으로 동일한 평면인 [T]처럼 된 형태임을 나타내고 있다.

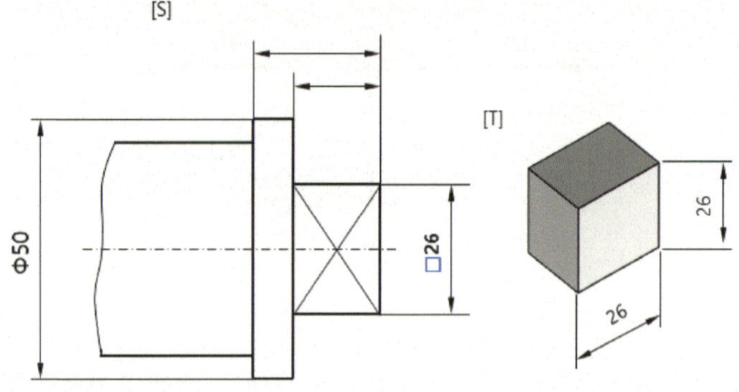

8) 모따기(Chamfer)의 표시 방법

공작물의 날카로운 모서리 또는 구석을 비스듬하게 깎는 모따기는 각도와 모따기 크기 값을 직접 입력하여 나타내낸다.([A],,B], [C], [D], [E, [F])

45°의 각도로 된 모따기는 모따기임을 나타내는 기호 C와 크기 치수를 써서 나타내는 것이 좋다 ([G], [H])

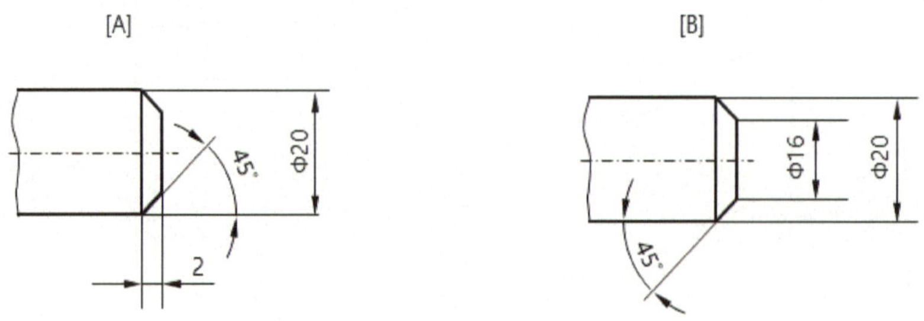

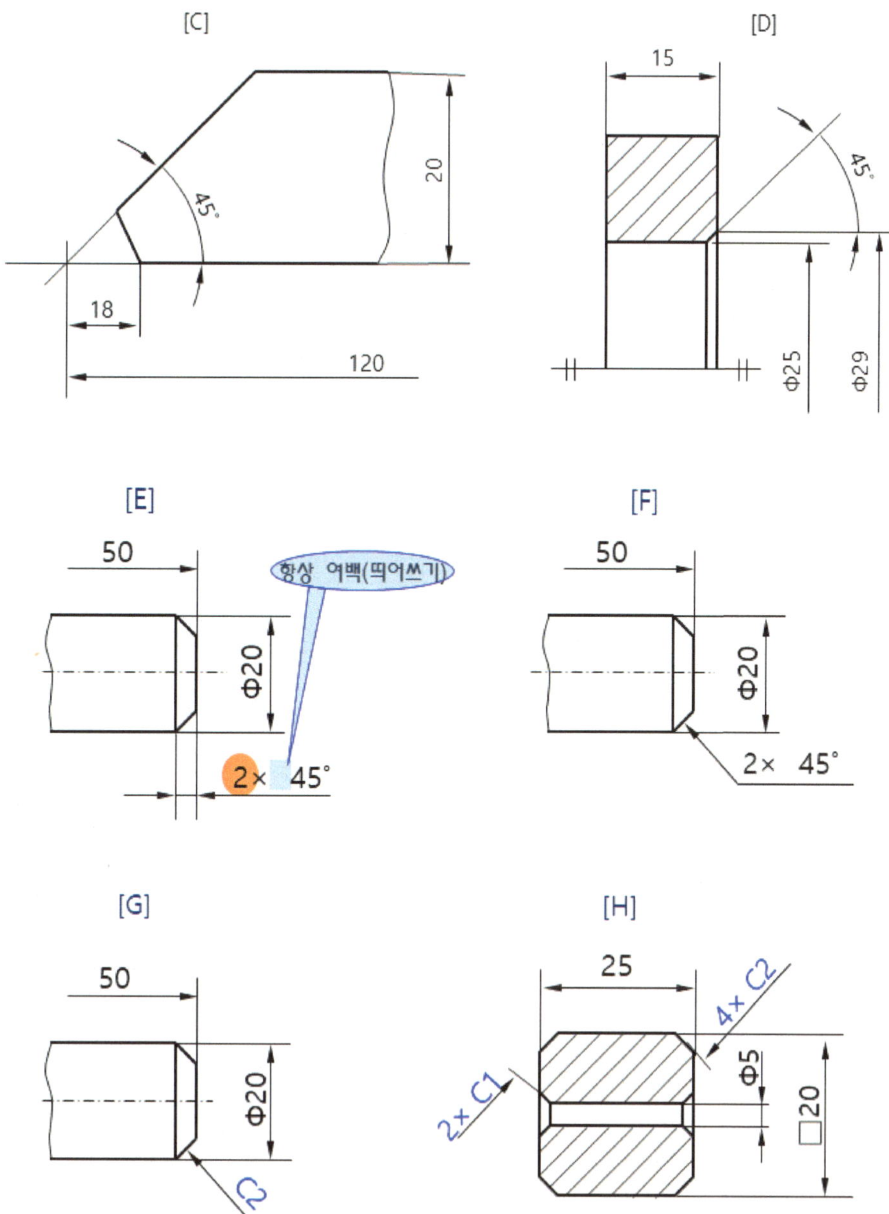
[C]
45°
18
20
120
[D]
15
45°
Φ25
Φ29
[E]
50
Φ20
항상 여백(띄어쓰기)
2× 45°
[F]
50
Φ20
2× 45°
[G]
50
Φ20
C2
[H]
25
4× C2
2× C1
Φ5
□20

1) 등간격 형체에 일정하게 정렬된 곳에서 치수 기입은 단순화해서 나타내도 된다

반복되는 치수의 기입 방법에서 다음에는 항상 여백을 주고 필요한 값을 써야 한다.

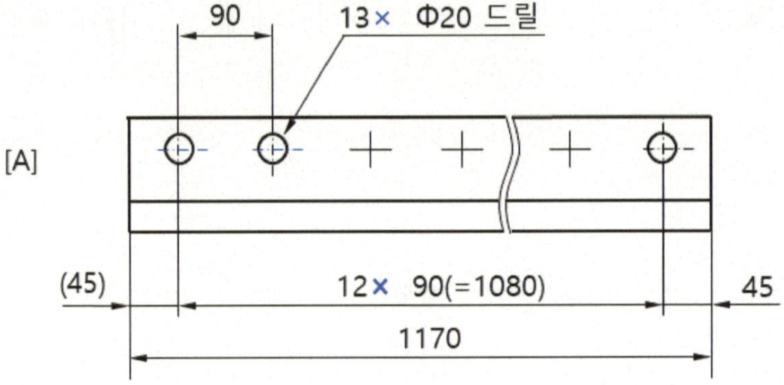

[A]에서 13개의 작은원은 직경 20 드릴 가공하도록 하며 아래쪽의 치수기입 내용에서 「12× 90(=1080)」에서 숫자 12는 구멍과 구멍 사이의 피치 개수이며 간격은 90이란 의미를 나타낸다. 또 전체 길이 1080은「12× 90」에서 알수있는 값으로 편의상 나타낸 것으로 중복 기입에 해당되므로 괄호 안에 그 값을 기입했다.

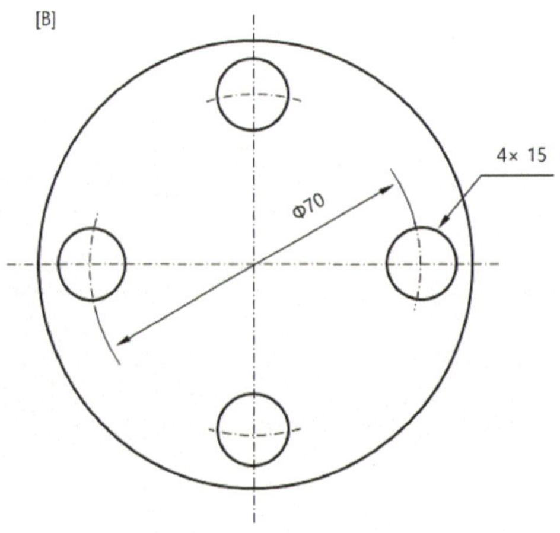

[B]에서 원의 등간격에 직경 15인 원은 간격(위치)가 분명하여 혼동되지 않으므로 각도 등의 부가적인 표시는 하지 않는다.

4× 15 치수 값은 지시선 형태가 아닌 치수선(보조선)에 의해 나타내도 된다.

2) 형체의 개수를 표시함으로써 치수 기입을 해도 된다

형체 개수와 그 치수 값을 「×」기호로 표시하여 치수 기입하면 된다.

[C]

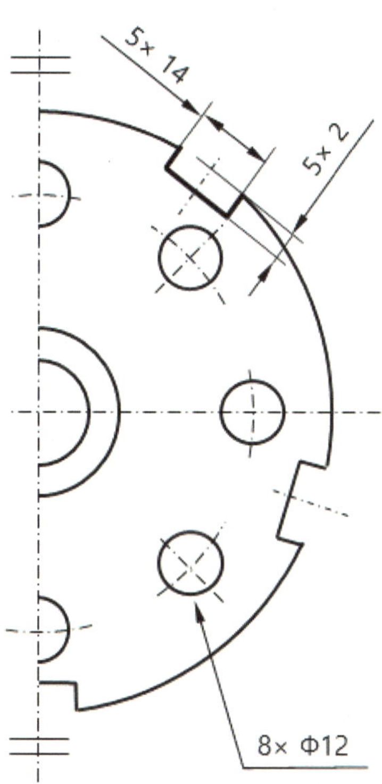

3) 반복 형체

모양, 위치가 명확한 곳에는 치수 값을 가진 형체의 개수와 "x" 기호 다음에 치수 값을 기입하면 된다.

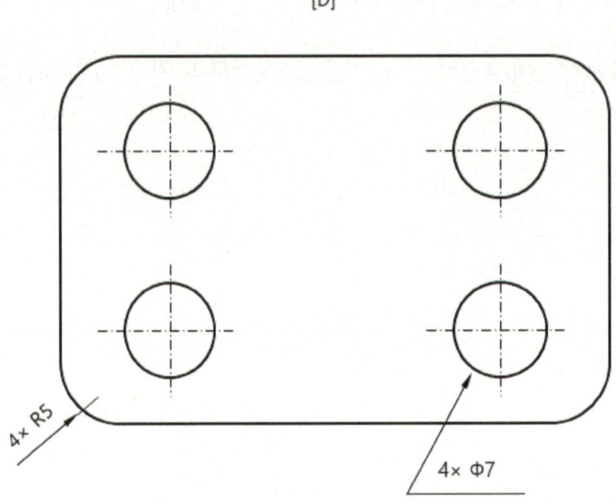

6-3-4 직렬 치수 기입과 병렬 치수 기입

치수 기입 치수선은 직렬 치수, 병렬 치수, 누진치수 또는 이들의 조합으로 기입하여야 하며 일반적으로는 직렬과 병렬 복합 기입으로 많이 사용한다.

1) 직렬 지수 기입

개별 치수들을 하나의 열로 기입하는 것을 말하며 [A]의 구멍 간격의 치수는 직렬 치수 기입이다.

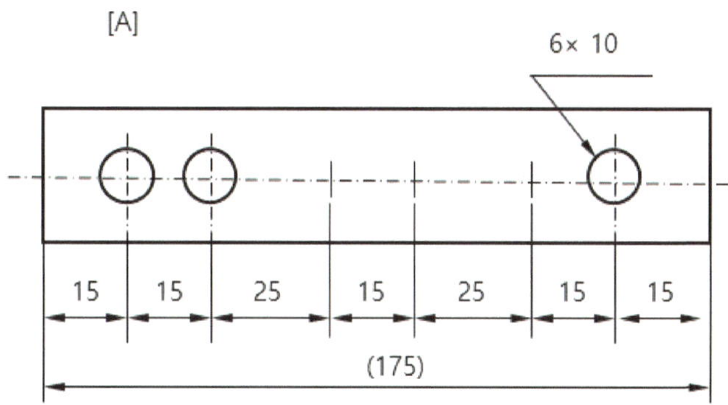

2) 병렬 치수 기입

[B]의 병렬 치수 기입에서 개개의 치수 공차는 다른 치수의 공차에 영향을 미치지 않는다.

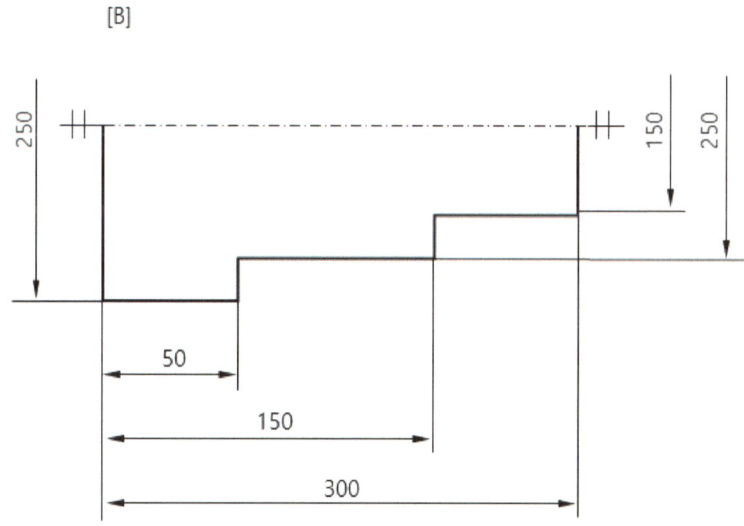

3) 누진 치수 기입

병렬 치수 기입과 완전히 동등한 의미

기전에서부터 치수를 나타내는 것으로 병렬식 치수 기입과 같이 해석되며 치수의 기점의 위치는 기점기호 (○)로 가는실선으로 나타내고 치수선의 다른 끝은 화살표로 표시한다. 치수값은 치수가 끝나는 위치에 수평[C]이나 수직[D]으로 쓸 수 있다 (KS B 0001).

[C]

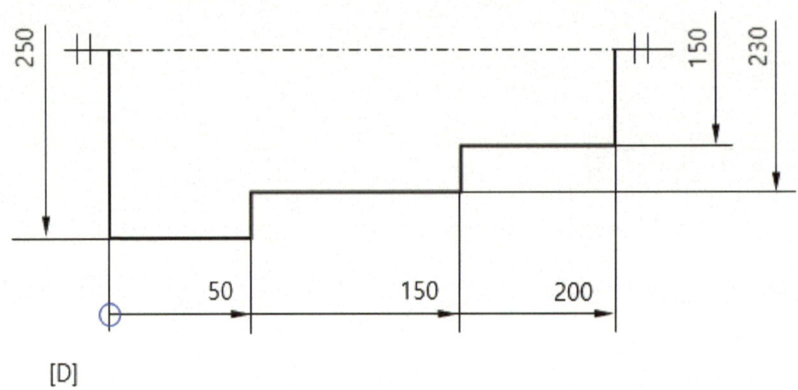

[D]

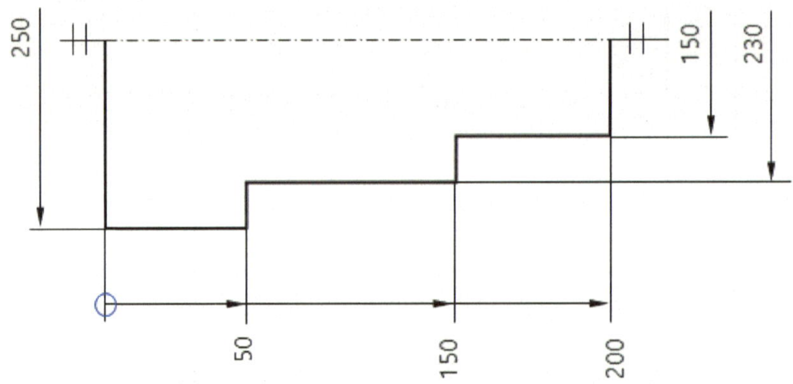

4) 복합치수 기입

직렬, 병렬, 누진의 3가지 치수기입 중 2가지 이상을 도면에 사용하는 것을 말한다. [E]는 직렬과 병렬 치수기입, [F]는 누진과 직렬 치수기입의 복합치수 기입이다.

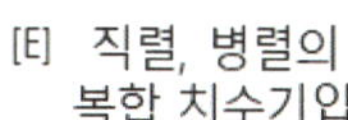

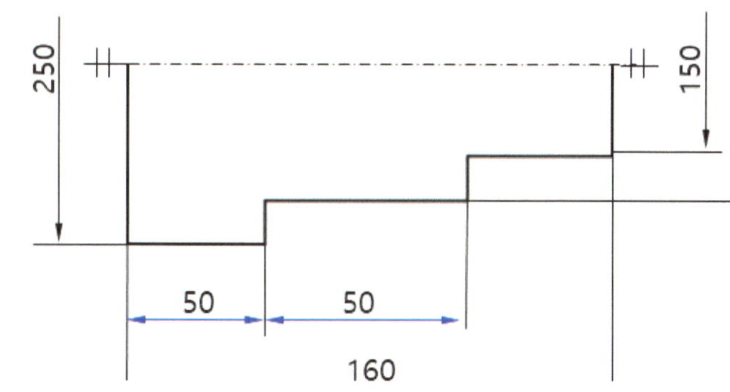

[E] 직렬, 병렬의
　　복합 치수기입

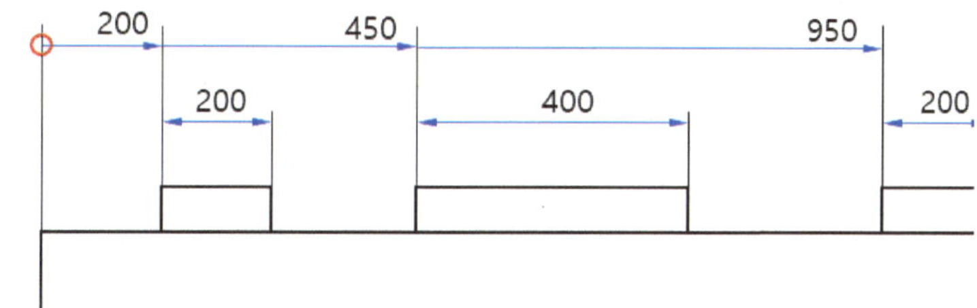

[F] 누진, 직렬의
　　복합 치수기입

6-4　가공 구멍의 도면 표시

가공 방법에 따라 용도와 정밀도가 달라지므로 구멍에는 가공 방법을 도면에 표시하여야 한다.

1) 가공 방법 별 도면의 표시 분류

가공 방법	간략지시
주조한 대로	코어
프레스 펀칭	펀칭
드릴로 구멍 뚫기	드릴
리머다듬질	리머

2) 가공구멍의 일반적인 치수 기입

[A]에서 드릴 구멍의 깊이와 [B]의 리머 깊이는 각각 20이다.

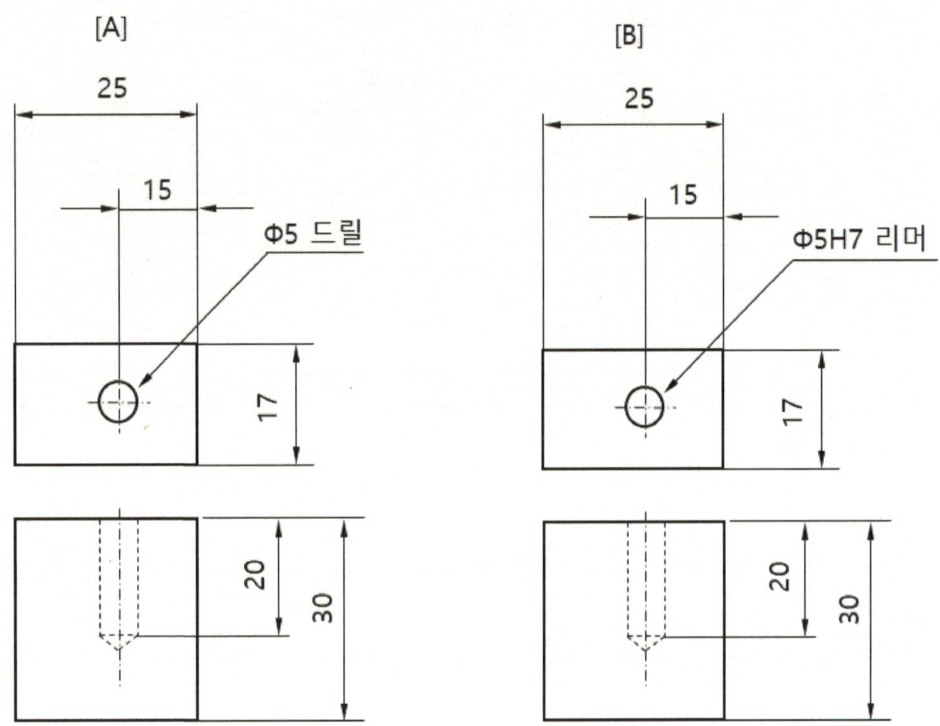

[A]의 구멍은 최종 가공이 드릴이므로 직경 ∅5로 가공하면 완성 된다.

[B]는 최종 가공이 리머(깊이 20)이므로 리머 가공 여유분을 고려하여 ∅4.8 드릴로 깊이 20 이상 가공한 후 리머 ∅5로 후가공하여야 한다.

3) 특수한 요구 사항의 지시방법

제품의 가공시 가공방법에 따른 사용기호

분류	가공방법	기호	분류	가공방법	기호
절삭 Cutting	선삭	L	연삭 Grinding	원통연삭	GE
	드릴링	D		평면연삭	GS
	보링	B		벨트연삭	GBL
	밀링	M		센터연삭	GCN
	평삭	P		래핑	GL
	형삭	SH		호우닝	GH
	브로우칭	BR		슈퍼피니싱	GSP

6-5 치수기입 도면 보기 예

도면을 보고 형체, 특징적인 모양을 먼저 파악한 후 기입된 조건을 살펴보도록 한다.

1) 제품 형체 파악

- 제품 형태는 회전체
- 제품 중앙에 내경 15 관통 구멍 가공
- 플랜지 요소 4 곳의 직경 5로 관통 구멍 가공

2) 품번, 거칠기 제시 사항

- 전체적으로는 선반, 밀링, 드릴링 등 절삭 가공한 표면 상태로 완성(w)
- 다듬질기호 x가 가리키는 요소에는 절삭 가공한 이후 추가로 표면에 가공 결, 무늬가 남아 있지 않을 정도의 가공

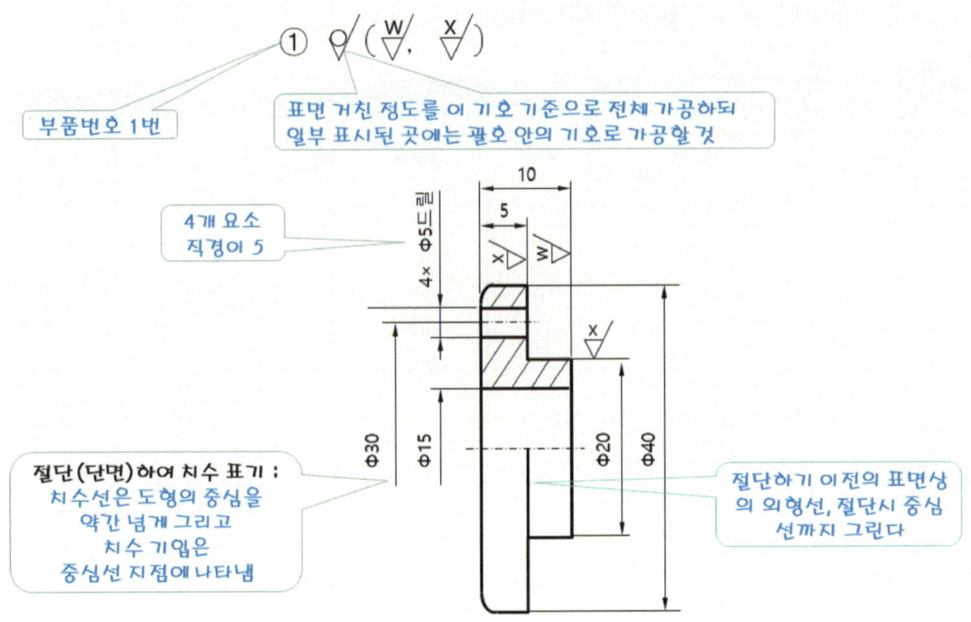

①
부품번호 1번
표면 거친 정도를 이 기호 기준으로 전체 가공하되
일부 표시된 곳에는 괄호 안의 기호로 가공할 것
4개 요소
직경이 5
10
5
4× Φ5드릴
X
W
Φ30
Φ15
Φ20
Φ40
절단(단면)하여 치수 표기 :
치수선은 도형의 중심을
약간 넘게 그리고
치수 기입은
중심선 지점에 나타냄
절단하기 이전의 표면상
의 외형선, 절단시 중심
선까지 그린다

CHAPTER 07

표면거칠기

07 표면거칠기

7-1 표면거칠기 표준

제품의 기능적인 면에서 필요한 정밀도를 수치로 나타내는 것으로는 치수와 표면 거칠기가 있다. 표면거칠기는 도면에 지시된 한계값으로 가공하여야 한다는 의미로 근래에 KS에서는 종전 사용하던 기준에 비해 새로운 내용으로 많이 개정되었으나 사용되고 있는 용어나 이론적 내용이 과거 내용을 언급하는 경우도 있어 현재의 표준에 대해 자세히 살펴본다.

정확히 구별해서 판단하기 위해 살펴보면 종전에 표면거칠기의 이론적 표준으로 중시되었으나

KS B 0161(표면의 거칠기 정의 및 표시)는 2014년 폐지되고

KS B ISO 4287(제품의 형상명세(GPS)_표면조직-프로파일 사용법: 용어, 정의 및 표면 조직의 파라미터)로 대체(2019년 확인)되었다.

KS B ISO 12085(제품의 형상명세(GPS)_표면의 결: 프로파일법-모티프 파라미터)에도 관련 표준이 제시(2019년 확인)되어 있으며

KS A ISO 1302(제품의 형상명세(GPS)_제품의 기술문서에서 표면의 결(조직)지시)에 도면 표시 기준이 제시(2021년 확인)되어 있다.

7-1-1 표면거칠기 관련 용어

1) 표면 프로파일(surface profile)

(KS B ISO 4287)

규정된 평면에 의해 실제 표면과 교차하여 생기는 프로파일을 말한다. 즉 대상 평면에 이상적으로 수직인 면을 교차시킬 때 나타나는 교차선을 말한다.

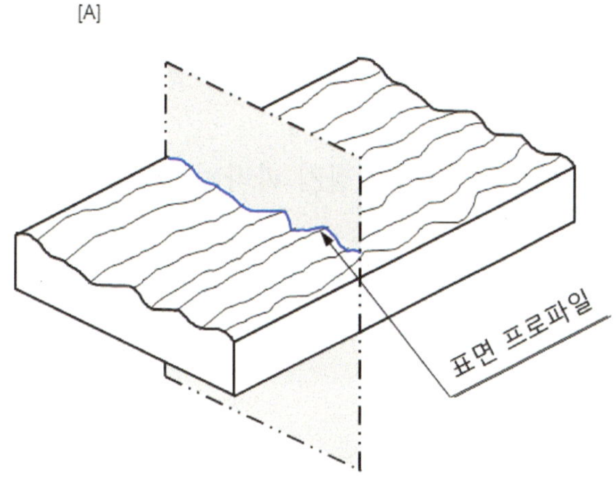

그림 [A]에서 청색선을 말한다(KS 4287 참조).

2) 거칠기 프로파일(roughness profile)

(KS B ISO 13565-1)

프로파일 필터 λc를 이용해 장파 성분을 억제하여 생성된 프로파일이며 장파장 성분만 없애고 거칠기 성분을 남긴 상태에서 거칠기 측정에 대한 기준선을 일직선 상으로 하여 표현한 거칠기 프로파일을 말한다.

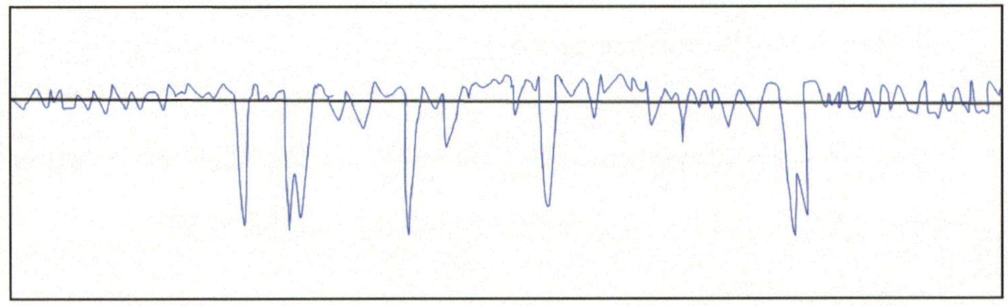

[B]에서 측정기준선 위 아래 청색의 선이 거칠기 프로파일이다(KS 13565).

3) 파상도 프로파일과 관련 거칠기 파라미터(4287)

프로파일 필터를 이용해 장파 성분과 단파 성분을 각각 분리해 억제한 후 생성한 프로파일에 프로파일필터 λf와 λc를 적용하여 생성한 것을 말한다.

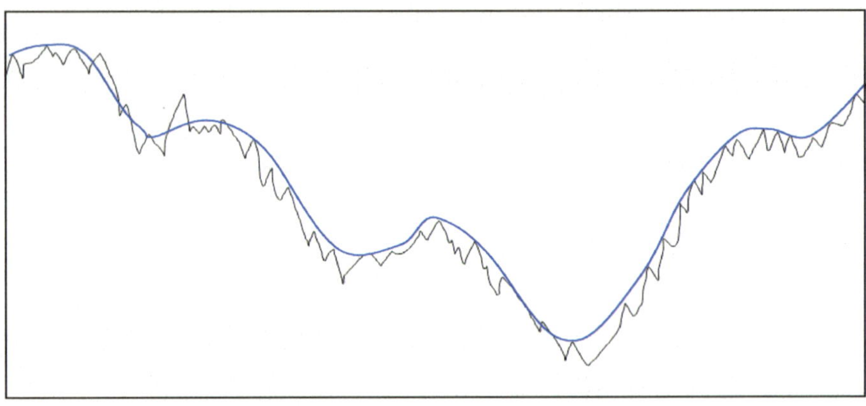

[C]그림에서 청색의 곡선이 파상도 프로파일이다.

7-1-2 표면거칠기 파라미터

1) Rz (평가 프로파일의 최대 높이)

기준길이 내에서 최대 산 높이 Zp와 최대 프로파일의 골 깊이 Zv의 합한 값이다.

$$Rz=Zp+Zv$$

KS 개정 전에는 Rz를 10점평균거칠기로 사용하였으나 현재는 10점 평균거칠기는 표준 규격이 없으며, 사용하지 않는다.

2) Rt (평가 프로파일의 총 높이)

평가길이 내에서 최대 산 높이 Zp와 최대 프로파일의 골 깊이 Zv의 합한 값이다.

$$Rt=Zp+Zv$$

3) Ra (평가 프로파일의 산술 평균 높이, 일명 산술평균 거칠기)

기준길이 내에서 세로좌표값 Z(x)에 대한 절대값의 산술평균이며 종전에는 세로좌표값을 Y(x), Ra를 중심선평균거칠기라 사용하였으나 변경됨

$$Ra = \frac{1}{l} \int_0^l |Z(x)| dx$$

4) Rq(평가 프로파일의 제곱 평방근 높이)

기준길이 내에서 세로 좌표값 Z(x)의 제곱 평균 평방근값

$$Rq = \sqrt{\frac{1}{l} \int_0^l Z^2(x) dx}$$

5) Rp(최대 프로파일 산 높이)

기준 길이 내에서 최대 프로파일 산 높이 값을 말하며, 즉 거칠기 기준선에서 가장 높은 peak 점까지 높이를 말하는 것으로 Rz와는 다르다.

도면의 표기에서 표면거칠기는 대부분 Ra(산술평균거칠기)를 주로 사용한다.

KS 개정 전에는 Ry를 최대높이거칠기로 사용하였으나 개정시 Ry 용어는 폐지되었고 Rp는 최대 프로파일 산 높이로 개념이 수정되었다.

(KS A ISO1302)

표면의 결에 대한 요구사항은 나타내기 위해 사용하는 것으로는 기본기호가 있으며 이 기본기호에 추가하여 사용하는데 재료의 제거가공을 하지 않는 경우에는 원을 추가하고 재료 제거 가공이 요구될 때는 아래쪽 선 끝에서 수평으로 선을 연결하야 사용하고, 상호 보완적 요구사항이 필요한 경우에는 선끝(위쪽)에서 수평으로 기입선을 연결해 사용하는 방법으로 기호 모양을 확장해 사용한다.

자주 사용하는 기호들을 표에서 설명하였다.

기호	기본 설명	부가 설명
	• 기본기호 • 대상면을 뜻하는 경우 사용 또는 이 모양에서 확장 기호로 사용하거나 간략화 지시, 여러 곳에 반복 표시할 곳의 단순 기호로 표시	• 가공방법의 종류를 문제 삼지 않는 곳 • 간략화 지시로 사용하는 경우 주서, 표제란 근처에 세부 내용 나타내야 함
	• 기계가공으로 재료의 면을 제거 가공할 필요가 없을 때 사용 • 표면 거칠기 요구사항을 규정하지 않음	• 기계가공 상태 그대로 둠 • 제거가공이나 거칠기 요구사항 표현 불가
	• 기계가공이 될 표면을 뜻함 • 기계가공으로 재료의 면을 제거 가공할 필요가 있을 때 사용	• 기계가공 후 제거 가공 함 • 기호만 사용되면 기계가공 될 면임을 지정 • 삼각기호면 위에 쓰이는 w, x, y, z는 거칠기 상한 값
	• 재료의 제거 가공 방법을 나타낼 경우	• 수평(기입)선위에 가공방법, 공정, 표면처리, 코팅 등 요구사항 기입
	• 재료가 제거되어야 할 경우, 전둘레 표면에 요구 될 때 • 단, 육면체에서 앞 뒤면 제외한 전 둘레에 적용	• 수평(기입)선위에 가공방법, 공정, 표면처리, 코팅 등 요구사항 기입

현재 표준으로 사용되지는 않지만 종전에 사용되는 다듬질 기호와 비교하여 현재의 표면거칠기 기호를 산술평균거칠기(Ra) 값의 상한값과 가공방법을 나타내면 다음과 같다.

구분	표면 거칠기 기호	다듬질 기호 (종전)	산술평균 거칠기 (Ra)	부가 설명
가공 불필요	∇	~	없음	• 제거가공을 하지 않는 부분 • 주조, 압연, 단조품의 표면
거친 가공부	W∇	▽	25	• 밀링, 선반, 드릴 등의 기계가공 흔적이 그대로 남는 곳 • 끼워맞춤이 없는 가공 면·요소 부위에 적용
중 다듬질	X∇	▽▽	6.3	• 기계가공 후 연삭가공 등으로 흔적이 약간 남을 정도의 보통 가공 면 • 끼워맞춤 후 상대(마찰)운동 하지 않는 면 • 커버, 몸체 끼워맞춤 부위, 키홈기타 축과 회전체 결합하는 곳
상 다듬질	Y∇	▽▽▽	1.6	• 가공 후 연삭가공 등으로 흔적이 전혀 남아있지 않은 극히 깨끗한 면 • 베어링 끼워맞춤 부위, 정밀한 규격품의 끼워맞춤 부위 • 끼워맞춤 후 서로 마찰운동 하는 부위
정밀 다듬질	Z∇	▽▽▽▽	0.25	• 기계가공 후 연삭, 래핑, 호닝, 버핑 등으로 거울처럼 광택이 나는 표면 • 게이지의 측정면, 유압실린더 안지름 • 피스톤이나실린더 접촉 면, 베어링 볼이나 롤러의 외측 면

7-2-1 상호 보완적 표면의 결 요구사항 위치별 내용

그림 [A]에서 표면의 결 요구사항을 a~e위치에 아래의 내용에 해당사항을 직접 적는다.

[B]는 사용된 예를 나타내고 있으며 이때 Ra, Rz의 등의 수치 값은 μm이다.

1) a: 단일 표면의 요구사항, 표면의 결 파라미터 지정, 수치 제한 값 등
   예) Ra 0.5, Rz 3.16, Ramax 0.7, Ramax 3.3 등
2) a와 b 동시 사용 : 두 번째 표면의 결 요구 사항을 b에 나타낸다.
   예)　Ra 0.5　　　　Ramax 0.7
   　　Rz 3.1　　　　Ramax 3.1
3) c: 제작 방법
   표면을 생성하기 위해 제작 방법, 표면처리, 코팅, 제작공정 등
   예) 선삭, 연삭, 도금
4) d: 표면의 무늬결과 자세
   요구 표면의 무늬결(만약 있다면)의 자세 기입
   예) 「=」「×」「M」등 무늬
5) e: 기계가공 여유
   기계가공 여유란 표시된 모든 도면에 완성된 최종 치수를 말하는데 여기에 덧붙이는(크게 가공하도록 하는)치수로 기계가공 여유가 필요하다면 mm 단위의 수치값으로 나타낸다.
   예) 2, 3, 4 등
6) 기타
   삼각형 모양의 윗변에는 KS A ISO130「제품의 형상 명세(GPS) — 제품의 기술 문서에서 표면의 결에 대한 지시」에는 제시되지 않았지만 현재도 종전에 KS규격 표시방법에 따른 사용 방법에 해당하는 Ra(산술평균거칠기) 값을 표시해서 지시하는 경우가 있다.(「KS 1302, 부속서 1(참고) 이전의 사례_ 1.2 위치 "x" 및 "a"」참조, 2001(제4판)이전에 사용하였음) 삼각기호 윗변에 지시할 때 「Ra 0.7」이라면 산술평균거칠기 상한값이 0.7 μm이내이어야 한다는 의미이다

7-2-2 측정을 위한 거칠기 기준길이와 매개변수 기준 값

(KS B ISO4288)

표면거칠기 측정값인 파라미터 값은 나타내는 매개변수의 결과로 결정된다. 즉 어떤 파라미터인가와 거기에 매개변수를 얼마로 정했는가에 따라 결과값이 달라지므로 KS에서는 추정된 매개변수 값에 따른 기준길이(lr: 일반적으로 컷오프 파장값 λc와 동일하게 사용), 평가길이(ln) 등과 이 추천되어 있다(λc는 프로파일필터라고도 함_4287)

(4288)

Ra (㎛)	거칠기 기준길이(lr, mm)	거칠기 평가길이 (ln, mm)
(0.006)〈 Ra ≤ 0.02	0.08	0.4
0.02〈 Ra ≤ 0.1	0.25	1.25
0.1〈 Ra ≤ 2	0.8	4
2〈 Ra ≤ 10	2.5	12.5
10〈 Ra ≤ 80	8v	40

거칠기 매개변수는 용도, 재료 특성 등에 따라 다르지만 일반적으로 정밀 기계부품이라면 Ra 0.5~10 이내인 경우가 많은데 이때 기준길이(lr: 일반적으로 컷오프 파장값 λc)는 0.8 mm를 사용하며 평가 길이는 기준길이의 5배로 한다.

(4288)

Rz (㎛)	거칠기 기준길이(lr, mm)	거칠기 평가길이 (ln, mm)
(0.025)〈Rz, Rz1max.≤0.1	0.08	0.4
0.1〈Rz, Rz1max.≤0.5	0.25	1.25
0.5 〈Rz, Rz1max.≤10	0.8	4
10〈Rz, Rz1max.≤50	2.5	12.5
50〈Rz, Rz1max.≤200	8v	40

7-2-3 표면의 무늬결 종류와 모양

상호 보완적 표면의 결 요구사항에서 d 위치에 사용할 기호와 의미는 다음과 같다.

기호	의미	대상물 표면 모양 (출처 KS A ISO 1302)
=	기호를 기입한 투상면에 평행 예: 형삭면	
⊥	기호를 기입한 투상면에 직각 예: 선삭, 원통 연삭면	
X	기호를 기입한 투상면에 두 방향으로 교차 예: 호닝 마감면	
M	여러 방향으로 교차 또는 방향성이 없다. 예: 래핑, 슈퍼 피니싱, 엔드밀 절삭면	
C	적용되는 면의 중심에 대해 대략 동심원 예:면 절삭면	
R	적용되는 면의 중심에 대해 대략 반지름, 방사상	
P	무늬결 방향이 없거나 돌출(돌기가 있는)	

7-2-4 특수한 요구 사항의 기호와 가공방법

상호 보완적 표면의 결 요구사항에서 c위치에 사용할 기호와 가공방법은 다음과 같다.

분류	가공방법	기호	분류	가공방법	기호
절삭 Cutting	선삭	L	연삭 Grinding	원통연삭	GE
	드릴링	D		평면연삭	GS
	보링	B		벨트연삭	GBL
	밀링	M		센터연삭	GCN
	평삭	P		래핑	GL
	형삭	SH		호우닝	GH
	브로우칭	BR		슈퍼피니싱	GSP

기계제도와 도면해독

CHAPTER 08

공차와 끼워맞춤

(KS B 0401 치수공차의 한계 및 끼워 맞춤)

08 공차와 끼워맞춤

(KS B 0401 치수공차의 한계 및 끼워 맞춤)

도면에는 모양이 그려지면 치수를 기입하는데 치수는 기준치수와 공차로 구분한다. 공차의 이론에서 사용되는 여러 용어를 잘 이해하고 있어야 올바른 도면 적용이 가능하다.

지정된 치수로 가공할 때에는 기준치수에 오차 범위를 두어야 한다. 제품의 기능과 용도에 알맞은 범위 내에서 허용할 수 있는 가공 범위의 구간을 적용할 치수 공차를 두어야 한다.

8-1 자주 사용하는 용어와 정의

1) 치수 : 형체의 크기를 나타내는 양

2) 실 치수 : 형체의 실측 치수

3) 허용 한계치수 : 형체의 실 치수가 그 사이에 들어가도록 정한 허용할 수 있는 대소 2개의 극한의 치수. 즉 최대 허용치수 및 최소 허용치수를 말한다.

4) 최대 허용치수 : 형체의 허용되는 최대 치수

5) 최소 허용치수 : 형체의 허용되는 최소 치수

6) 기준치수 : 위 치수 허용차 및 아래 치수 허용차를 적용하는대 따라 허용 한계가 주어지는 치수

7) 위 치수 허용차 : 최대 허용치수와 대응하는 기준치수와의 대수 차 즉 (최대허용치수)-(기준치수)

8) **아래 치수 허용차** : 최소 허용치수와 대응하는 기준치수와의 대수 차 즉 (최소허 용치수)-(기준치수)를 적용하는데 따라 허용 한계가 주어지는 치수

9) **치수 공차** : 최대허용치수와 최소허용치수와의 차, 즉 위 치수 허용차와 라래 치 수 허용차와의 차

10) **기준선** : 허용 한계치수 또는 끼워맞춤을 도시할 때는 기준치수 위치를 나타내 는 선이고 치수허용차를 나타내는 기준이 되는 선

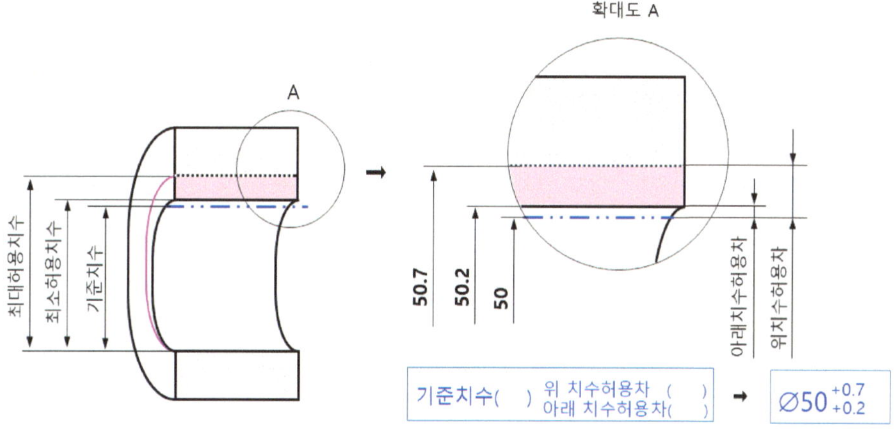

11) **공차 등급** : 치수 공차방식, 끼워맞춤 방식에서 기준치수에 따라 적용할 치수공 차 크기를 정해 놓은 등급. IT공차를 사용하며 등급은 숫자로 표시하고 01, 0, 1, 2, …, 18까지 총 20개의 등급이 있으며 이것은 기준치수에 연계된 치수공 차의 크기(위치수허용차와 아래치수허용차와의 범위)를 20개로 정해 놓은 등 급이다

① 공차 등급만을 표시하는 경우 「IT」 & 「공차 등급」로 표현한다(예: IT7) IT5, IT7처럼 표현하는 것은 치수공차 크기가 「크다」, 「작다」를 알 수 있 게 등급으로 나타내는 것이다

② 공차 등급의 숫자가 커지면 치수공차(범위_ 구간) 값이 커지며 01이나 0 처럼 작은 숫자의 등급은 끼워맞춤의 사용 빈도도 적고 치수 공차도 작다.

※ 참고: 기준치수 3 mm에 IT 01 등급일 경우 치수 공차는 0.3μm이다.

12) **공차역** : 최대허용치수와 최소허용치수 사이의 영역을 치수공차라 하는데 구멍과 축으로 구분해서 각각 위치수허용차와 아래치수허용차 사이의 범위(크기)를 정해 놓은 것을 공차역이라 한다.

① 동일한 범위(크기)일지라도 기준치수 보다 큰 쪽에서 설정될 수도 있고 기준치수 보다 작은 쪽에서 설정될 수 있다.

② 설정은 구멍과 축으로 구분되는데 구멍은 영문자 대문자 A, B, …, Z(ZC)로 구분되어 있고 축은 영문자 소문자 a, b,…, z(zc)로 구분되어 있다.

③ 구멍의 위치수허용차 또는 아래치수허용차를 정해 놓은 등급은 A~Z(ZC)이다.

    ⓐ H의 아래치수허용차는 0이고 A 방향으로는 +이며, 값이 점점 커지진다.

    ⓑ H 이후 Z 방향으로는 위치수허용차가 − 이며 점점 작아진다(-확대).

④ 축의 위치수허용차 또는 아래치수허용차를 정해 놓은 등급은 a~z(zc)이다.

    ⓐ h에서 위치수허용차는 0이고 a방향으로는 −이며, 값이 점점 작아진다(-확대).

    ⓑ h 이후 z 방향으로는 아래치수허용차가 +이며 점점 커진다.

13) **공차역클래스**:「공차역(A, B, C,…, Z)」과 IT 공차 등급(01~18)이 결합된 표현(예: h5, H5)

① 주로 끼워맞춤에서 구멍이나 축의 치수공차를 나타내는데 사용하며「공차역」과「공차 등급」의 공차역 클래스로 표현(예: H7)

② 도면에서 끼워맞춤하는 부품의 치수를 기입할 경우 일반적으로 나타내는 기준치수와 함께「위 치수허용차」와「아래치수허용차」로 치수 공차를 나타내는(예: $\varnothing 20^{+0.031}_{-0.020}$) 경우 보다 가공 방법, 정밀도, 끼워맞춤 등에서 일관된 기준이 적용 되도록 하는 방법으로「공차역」&「공차 등급」의 공차역클래스(예: $\varnothing 20H7$)로 사용하는 것이 합리적이며 많이 사용된다.

14) **최대실체치수** : 형체의 실체(무게)가 최대가 되는 쪽의 허용한계 치수, 즉 내측 형체에서는 기준치수에 최소허용치수, 외측형체에서는 기준치수에 최대허용 치수를 적용한 치수를 말한다.

15) **끼워맞춤** : 구멍과 축의 조립 전의 치수 차이에서 생기는 관계

16) **틈새** : 구멍의 치수가 축의 치수 보다도 큰 때의 구멍과 축과의 치수 차

17) **최소틈새** : 틈새의 조건이 전제된 상태의 헐거운 끼워맞춤에서 구멍의 최소허 용치수와 축의 최대허용치수와의 차

18) **최대틈새** : 틈새의 조건이 전제된 상태의 헐거운 끼워맞춤(또는 중간끼워맞춤) 에서 구멍의 최대허용치수와 축의 최소허용치수와의 차

19) **죔새** : 구멍의 치수가 축의 치수 보다도 작을 때의 구멍과 축과의 치수 차

20) **최소죔새** : 죔새의 조건이 전제된 상태의 억지 끼워맞춤에서 조립 전의 구멍의 최대허용치수와 축의 최소허용치수와의 차

21) **최대죔새** : 죔새의 조건이 전제된 상태의 억지 끼워맞춤(또는 중간끼워맞춤)에 서 조립 전의 구멍의 최소허용치수와 축의 최대허용치수와의 차

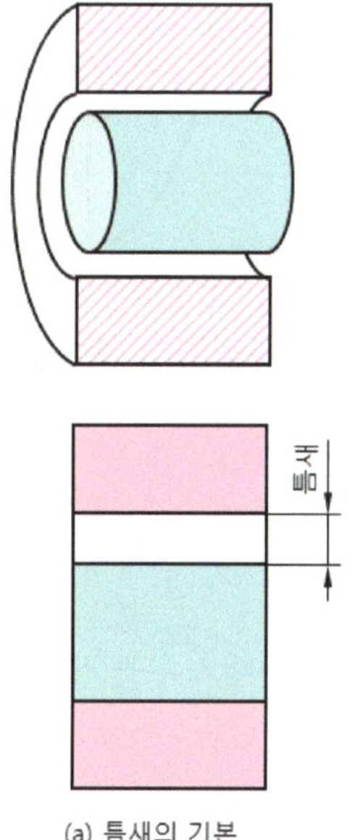

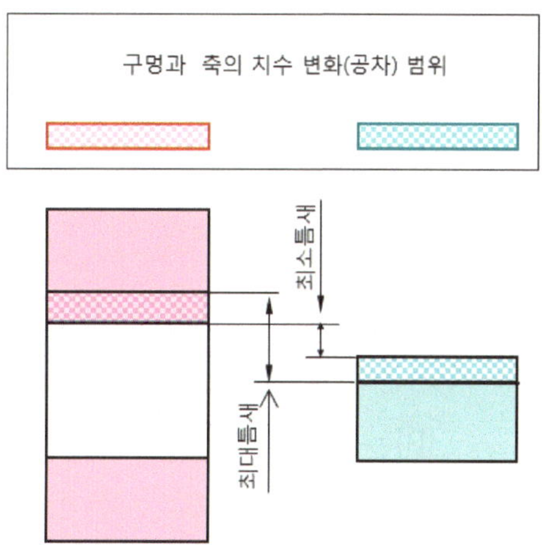

구멍과 축은 위치수허용차, 아래치수허용차에 의해 각각 허용 편차 구간이
존재한다. 구멍의 최소허용치수는 축의 최대허용치수보다 항상 큰 조건으로
항상 틈새가 존재하는 그림이다.

구멍의 최대허용치수와 이에 대응하는 축의 최소허용치수와 차를 최대틈새
이고 구멍의 최소허용치수와 이에 대응하는 축의 최대허용치수와 차를 최소
틈새라고 한다.

22) 헐거운 끼워맞춤 : 조립하였을 때 항상 틈새가 생기는 끼워맞춤

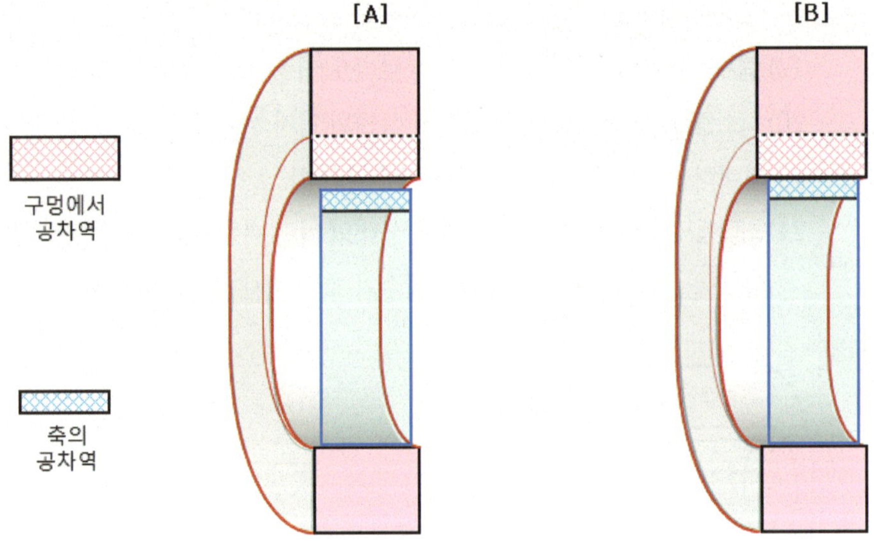

[A], [B] 그림은 구멍 상·하한 치수 범위가 있으며 이 상태에서 축이 끼워맞
춤되는 것을 가정하면

[A]는 구멍의 하한치수보다 축의 최대치수가 항상 작아 틈새가 생기므로 헐
거운 끼워맞춤이 된다.

[B]는 구멍의 하한치수와 축의 최대치수가 같고 축의 최대치수를 제외한 축
치수에서는 축의 최대치수 이하로 되므로 최소치수 범위까지 구멍의 하한치
수 보다 작아 항상 틈새가 생기는 헐거운 끼워맞춤 조건의 상태이다.

23) **억지 끼워맞춤** : 조립하였을 때 항상 죔새가 생기는 끼워맞춤

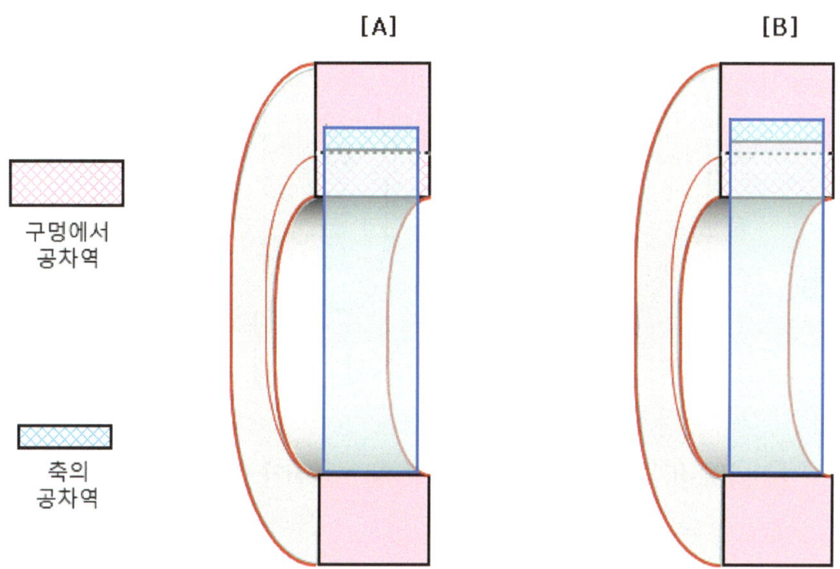

[A], [B] 그림은 구멍 상·하한 치수 범위가 있으며 이 상태에서 축이 끼워맞춤 되는 것을 가정하면

[A]는 구멍의 상한치수와 축의 최소치수가 같고 축의 최소치수를 제외하고 축의 최대치수 범위까지 치수에서는 구멍의 최대치수보다 커서 항상 죔새가 된다.

[B]는 구멍의 상한치수보다 축의 최소치수가 항상 커서 죔새가 생기므로 억 지끼워맞춤이다.

24) **중간 끼워맞춤** : 조립하였을 때 구멍과 축의 실 치수에 따라 틈새 또는 죔새의 어느 것이나 되는 끼워맞춤 도시된 그림에서 구멍과 축의 공차역이 완전히 또 는 부분적으로 겹치는 끼워맞춤

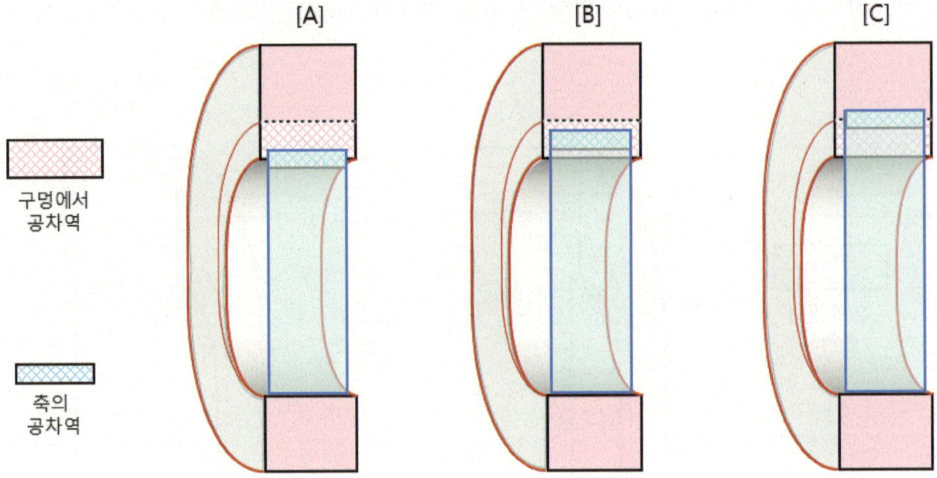

[A], [B], [C]그림은 구멍 상·하한 치수 범위가 있으며 이 상태에서 축이 끼워맞춤 되는 3가지 경우를 가정하면

[A]는 구멍의 하한치수보다 축의 최대치수가 커서 이때는 죔새가 생기지만 동시에 구멍의 하한치수보다 축의 최소치수는 작으므로 틈새가 생기는 죔새와 틈새가 공존하는 중간끼워맞춤 조건의 상태이다.

[B]는 구멍의 상한치수 보다 축의 최대치수는 작으므로 틈새가 생기지만 구멍의 하한치수 일때 축의 최소치수와 최대치수 사이, 즉 축의 전체 치수 범위에서는 항상 축의 치수가 커서 죔새가 생기므로 중간끼워맞춤 조건 상태이다.

[C]는 구멍이 상한치수일 때 축의 최대치수는 더 커서 이때는 죔새가 생기지만 구멍이 상한치수일 때 축이 하한치수이면 이때는 틈새가 생기므로 죔새와 틈새가 공존하는 중간끼워맞춤 조건 상태이다.

[A], [B], [C]는 상태에 따라서 틈새와 죔새가 공존하는 중간끼워맞춤 조건

8-2 끼워맞춤 방식

끼워맞춤 방식에서는 구멍을 기준으로 등급, 치수 기준을 선정하여 여기에 축을 맞추어 조립되게 하는 방식과 반대의 방식이 있다. 즉 어떤 치수 공차 방식에 속하는 구멍과 축에 따라 구성되는 두 가지의 끼워맞춤 방식이 있으며 구멍기준 끼워맞춤 이 유리하여 더 많이 사용하는 방식이다.

8-2-1 구멍기준 끼워맞춤

여러 개의 공차역 클래스의 축과 1개의 공차역 클래스의 구멍을 조립하는데 따라 필요한 틈새 또는 죔새를 주는 끼워맞춤 방식으로 구멍을 먼저 가공한 후 그 구멍에 알맞은 축을 가공하여 끼워 맞춤을 하는 방식이다.

선정한 공차역 등급의 구멍에 각종 공차역 등급 중 한 개 축을 조합시킴으로써, 필요한 틈새 또는 죔새를 얻는 끼워맞춤이다.

이 기준은 구멍의 최소허용치수가 지준치수와 같다. 즉 구멍의 아래 치수 허용차 가 "0"인 끼워맞춤 방식이다.

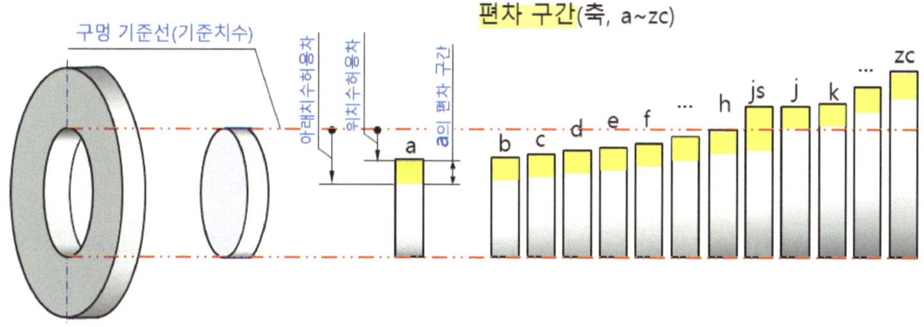

1) 기준 구멍 : 구멍기준 끼워맞춤에서 기준으로 선택한 구멍. 이 표준에서는 아래 치수 허용차가 "0"인 구멍

2) 기준 축 : 축기준 끼워맞춤에서 기준으로 선택한 축. 이 표준에서는 위 치수 허용
차가 "0"인 축

8-2-2 축기준 끼워맞춤

여러 개의 공차역 클래스의 구멍과 1개의 공차역 클래스의 축을 조립하는 데 따라
필요한 틈새 또는 죔새를 주는 끼워맞춤 방식. 이 기준은 축의 최대허용치수가 지준
치수와 같다. 즉 축의 위 치수 허용차가 "0"인 끼워맞춤 방식.

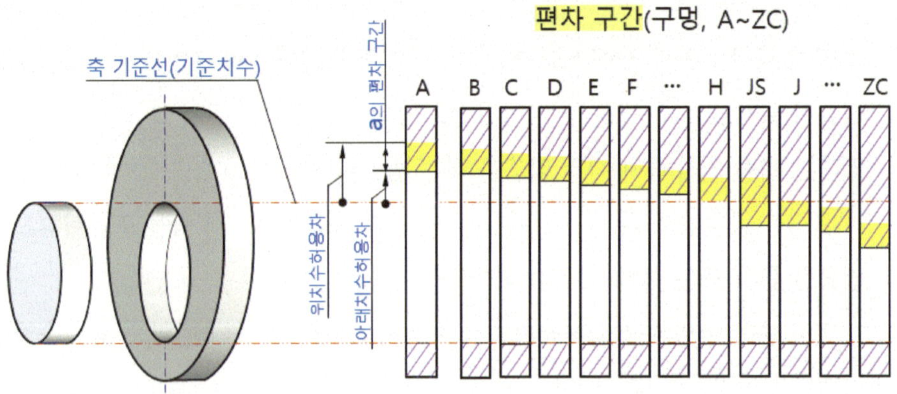

8-3 IT 공차 등급과 공차역 등급별 치수

8-3-1 공차 등급

총 20가지의 숫자로 표현하는 등급으로 자주 사용하는 18개(1~18)와 사용 빈도
가 적어 표준에서 제외되고 부속서에 정의된 2개(01, 0)가 있으며 공차등급을 나타
낼 때에는 앞에 IT(ISO Tolerance)와 함께 쓴다(예: IT5, IT7…).

숫자 등급에 따른 값은 적용 제품의 치수(기준치수)가 얼마냐에 따라 달라지며 동
일한 등급이라도 기준치수가 클수록 공차도 커진다.

1) IT 공차 등급별 공차 수치

아래 표는 등급별 KS의 기본공차의 수치 중 기준치수 500 이하의 크기에 대해 IT 공차 등급별 수치를 나타냈다. 전체 기준치수에 대해 설정된 공차 등급별 기본공차의 수치는 「KS B 0401 치수공차의 한계 및 끼워 맞춤」에서 확인할 수 있다.

기준치수의 구분(mm)		IT 공차등급																
		1	2	3	4	5	6	7	8	9	10	11	12	13	14	15	16	17	18
초과~	이하	기본공차의 수치 (μm)											기본공차의 수치 (mm)						
–	3	0.8	1.2	2	3	4	6	10	14	25	40	60	0.10	0.14	0.26	0.40	0.60	1.00	1.40
3	6	1	1.5	2.5	4	5	8	12	18	30	48	75	0.12	0.18	0.30	0.48	0.75	1.20	1.80
6	10	1	1.5	2.5	4	6	9	15	22	36	58	90	0.15	0.22	0.36	0.58	0.90	1.50	2.20
10	18	1.2	2	3	5	8	11	18	27	43	70	110	0.18	0.27	0.43	0.70	1.10	1.80	2.70
18	30	1.5	2.5	4	6	9	13	21	33	52	84	130	0.21	0.33	0.52	0.84	1.30	2.10	3.30
30	50	1.5	2.5	4	7	11	16	25	39	62	100	160	0.25	0.39	0.62	1.00	1.60	2.50	3.90
50	80	2	3	5	8	13	19	30	46	74	120	190	0.30	0.46	0.74	1.20	1.90	3.00	4.60
80	120	2.5	4	6	10	15	22	35	54	87	140	220	0.35	0.54	0.87	1.40	2.20	3.50	5.40
120	180	3.5	5	8	12	18	25	40	63	100	160	250	0.40	0.63	1.00	1.60	2.50	4.00	6.30
180	250	4.5	7	10	14	20	29	46	72	115	185	290	0.46	0.72	1.15	1.85	2.90	4.60	7.20
250	315	6	8	12	16	23	32	52	81	130	21	320	052	0.81	1.30	2.10	3.20	5.20	8.10
315	400	7	9	13	18	25	36	57	89	140	230	360	0.57	0.89	1.40	2.30	3.60	5.70	8.90
400	500	8	10	15	20	27	40	63	97	155	250	400	0.63	0.97	1.55	2.50	4.00	6.30	9.70

숫자로 표현하는 등급의 숫자 크기가 작으면 「위 치수허용차」와 「아래위 치수허용차」와의 간격이 작아 기본공차가 작아 정밀한 것이고 반대로 등급 숫자가 크면 간격이 커서 치수 공차가 크므로 정밀하지 않은 것이다. 또 동일한 공차 등급 숫자에서 기준치수가 클수록 기본공차의 크기는 커진다.

2) 공차역 등급별 위치와 특성

A부터 ZC까지의 문자 기호이며 구멍의 공차역 위치는 대문자(A~ZC) 기호, 축의 공차역 위치는 소문자(a~zc) 기호로 나타낸다.

단, 혼돈을 피하기 위해 알파벳 I, L, O, Q, W, i, l, o, q, w는 사용하지 않는다.

공차역 클래스는 공차역의 위치 기호와 공차 등급을 묶어 표현하는 기준으로 H7, h7처럼 표시한다.

만일 구멍에서 A등급이라고 하면 아래 그림에서처럼 기준선에서 가장 위쪽 좌측에 있어 기준선에서 +치수 방향으로 가장 멀리 떨어져 있으므로 구멍이 가장 큰 공차값으로 가공되는 조건을 말한다. 또 ZC는 가장 우측에 있어 기준선에서 −치수 방향으로 가장 멀리 떨어져 있으므로 구멍이 가장 작은 공차값으로 가공되는 조건을 말한다.

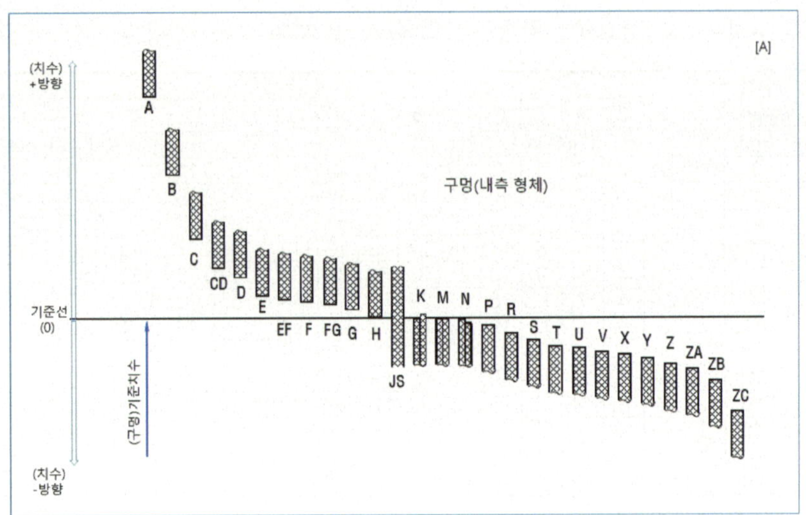

그림 [A]는 구멍에 적용하는 공차역에서 A~ZC까지 기준선을 중심으로 치수 방향을 나타내고 있으며 ZC로 갈수록 구멍(내경)의 가공 치수는 작게 된다.

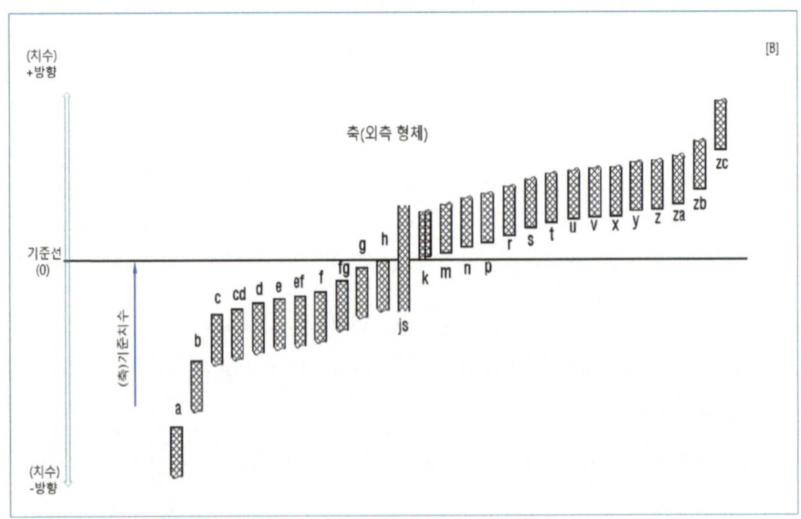

그림 [B]는 축에 적용하는 공차역에서 a~zc까지 기준선을 중심으로 치수 방향을 나타내고 있으며 zc로 갈수록 축(외경)의 가공 치수는 크게 된다.

(1) 구멍(내측) 형체의 공차역 등급별 위치

기준길이 $\varnothing$50 구멍에서 A부터 ZC까지 공차역 위치를 알아보면 아래 그림처럼 위치와 편차 크기가 결정되는 것을 알 수 있다.

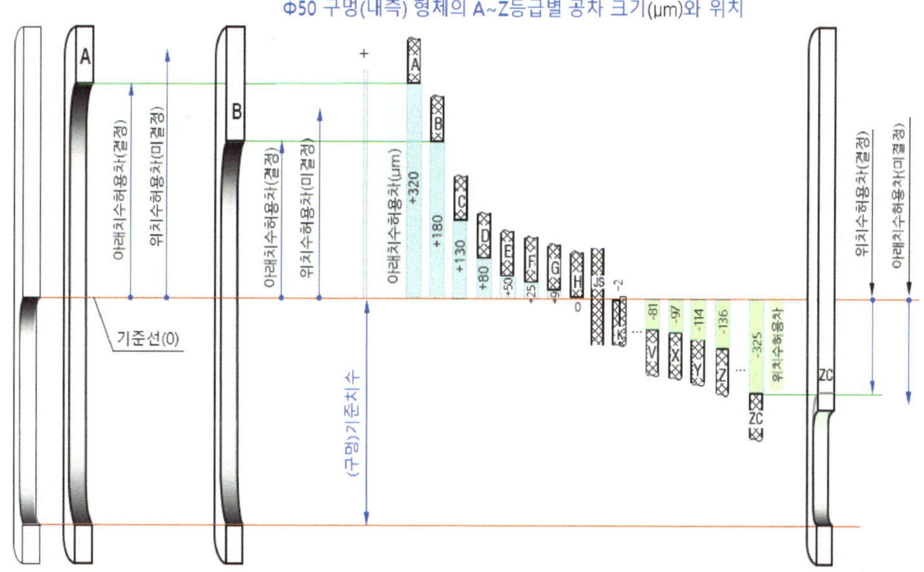

A는 맨 좌측에서 아래치수허용차가 $+320\,\mu m$로 결정되어 있다.

① A등급 → 가장 좌측 지점, 기준선에서 가장 멀리 +치수 방향 위쪽에 있음

　　구멍의 가장 큰 치수, 위·아래치수허용차 모두 +쪽 공차값으로 지정

　　아래치수허용차는 +320 μm이고, IT공차 등급(01~18)은 지정되지 않았으

　　므로 위치수허용차는 결정되지 않았음

② H등급 → A에서 Z사이 중앙에 위치함

　　구멍의 아래치수허용차는 0으로 지정

위치수허용차는 IT공차 등급 지정되지 않아 아래치수허용차는 미결정

③ ZC등급 → 가장 우측, 기준선에서 -치수 방향으로 가장 멀리 떨어짐

구멍의 가장 작은 치수, 위 · 아래치수허용차 모두 -쪽 공차값으로 지정

위치수허용차는 136 μm이고 IT공차 등급은 지정되지 않았으므로 아래치

수허용차는 결정되지 않았음

(2) 축(외측) 형체의 공차역 등급별 위치

기준길이 $\varnothing$50 축에서 a부터 zc까지 공차역 위치를 알아보면 아래 그림처럼 위치

와 편차 크기가 결정되는 것을 알 수 있다.

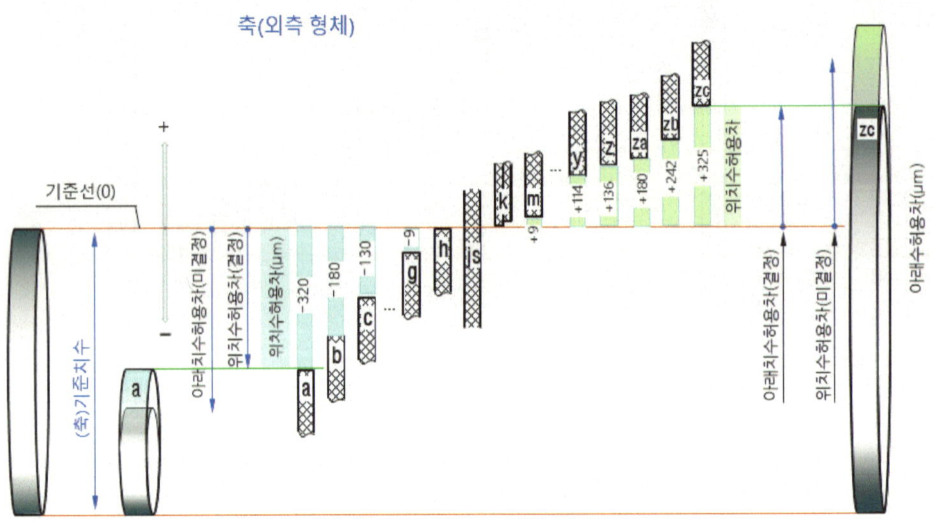

A는 맨 죄측에서 아래치수허용차가 +320 μm로 결정되어 있다.

① A등급 → 가장 죄측 지점, 기준선에서 가장 멀리 +치수 방향 위쪽에 있음

구멍의 가장 큰 치수, 위·아래치수허용차 모두 +쪽 공차값으로 지정

아래치수허용차는 +320 μm이고, IT공차 등급(01~18)은 지정되지 않았

으므로 위치수허용차는 결정되지 않았음

② H등급 → A에서 Z사이 중앙에 위치함

　　　구멍의 아래치수허용차는 0으로 지정

　　　위치수허용차는 IT공차 등급 지정되지 않아 아래치수허용차는 미결정

③ ZC등급 → 가장 우측, 기준선에서 -치수 방향으로 가장 멀리 떨어짐

　　　구멍의 가장 작은 치수, 위·아래치수허용차 모두 -쪽 공차값으로 지정

　　　위치수허용차는 136 μm이고 IT공차 등급은 지정되지 않았으므로 아래치

　　　수허용차는 결정되지 않았음

(3) 공차역 등급의 치수 비교

만일 기준길이 50에 대하여 공차역 A와 ZC의 치수를 비교해 보면

① A는 아래치수허용차가 +320 μm 이므로(KS B 0401 「9. 기초가 되는 치수 허용
차」 표 3 참조) 50 mm, A구멍 적용시 최소허용치수는 50.320 mm가 된다.

> ※ 참고 : A에서는 KS에서 아래치수허용차만 결정(지정)되고 위치수허용차는 적용될 IT 공차 등
> 급에 따라 달라지므로 지정 값이 없으면 최대허용치수는 알 수 없고, 공차값이 기준선과 일치
> 하는 경우가 있는 H등급 이후(기준선보다 -되어 작게 가공되는 등급)부터는 반대로 구멍의
> 위치수허용차만 결정되어 최대허용치수만 결정되며 아래치수허용차와 최소허용치수는 지정
> 되지 않는다.

② ZC는 위치수허용차가 -325 μm 이므로(KS B 0401 「9. 기초가 되는 치수 허용
차」 표 3 참조) 50 mm, A구멍 적용시 최대허용치수는 49.675 mm가 된다.
그러므로 구멍A는 기준치수보다 가장 큰 상태로 헐거운 끼워맞춤을 할 가능성
이 높아지고 구멍 ZC는 기준치수보다 가장 작은 상태로 억지 끼워맞춤이 될 가
능성이 높다.
JS와 J는 하나의 등급으로 표시하였으나 JS는 전체 IT등급에 적용되는 값이며
J는 6등급~9등급에 적용되는 값으로 구분된다.

(4) 구멍(내측) 형체의 기준치수 $\varnothing$50의 치수허용차 확인하기

① 등급이 A($\varnothing$50A)라면 이것은 위치수허용차, 아래치수허용차 중 어느 것이 지정된 것인가?

등급 A($\varnothing$50A)일 때 아래치수허용차는 얼마인가?

② 등급 B($\varnothing$50B)라면 이것은 위치수허용차, 아래치수허용차 중 어느 것이 지정된 것인가?

등급 B($\varnothing$50B)일 때 아래치수허용차는 얼마인가?

③ 등급 Z($\varnothing$50Z))라면 이것은 위치수허용차, 아래치수허용차 중 어느 것이 지정된 것인가?

등급 A($\varnothing$50A)일 때 위치수허용차는 얼마인가?

확인 결과

① 아래치수허용차, +320 μm

② 아래치수허용차, +160 μm

③ 위치수허용차, -136 μm

그림 [B]는 축에 적용하는 공차역에서 a~zc까지 기준선을 중심으로 치수 방향을 나타내고 있으며 zc로 갈수록 축(외경)의 가공 치수는 크게 된다.

3) 끼워 맞춤의 표시 방법

끼워 맞춤은 구멍, 축의 공통 기준치수에 구멍의 치수 공차 기호와 축의 치수 공차 기호를 계속하여 표시한다.

예 : 50H7/g6   50H7-g6 $50\dfrac{H7}{g6}$

8-4 상용하는 끼워맞춤에 사용하는 구멍과 축의 치수 허용차

한국산업규격에서는 공차역 등급 구멍 A부터 ZC까지와 구멍 등급 a~zc에 적용되는 IT공차 18개 등급에 적용되는 전체 수열 중에 끼워맞춤이 적용되는 상용하는 끼워맞춤(끼워맞춤에 활용되는 기준) 내용을 따로 정해놓고 있다.

가공방법에 따른 정밀도, 사용 용도에 따른 정밀도(공차)적용 할 IT공차 등급이 구분되어 있는데 가공방법과 사용 용도에 따른 IT공차의 일반적 분류(끼워맞춤여부가 결정되는 기준)은 아래와 같다.

구분 \ 용도	초정밀 종류 게이지제작공차 또는 이에 준하는 부품	정밀 종류 기계가공품등의 끼워맞춤부분	일반 종류 일반공차끼워맞춤과 무관한 부분
구멍 축	IT1~IT5 IT1~IT4	IT6~IT10 IT5~IT9	IT11~IT18 IT10~IT18
가공방법	래핑, 호닝, 초정밀 연삭	연삭, 리밍, 인발, 정밀선삭, 밀링	압연, 압출, 프레스, 단조, 주조

「KS B 0401」 상용 끼워맞춤 표에서 헐거운 끼워맞춤과 억지 끼워맞춤의 한계 값에 가까운 쪽을 제외한 제시 내용 중 자주 쓰는 부분만으로 표로 나타내면 다음과 같다.

[A] 구멍의 기초가 되는 치수 허용차의 수치(KS B 0401, p16, 표3, 일부)

기준치수(mm)		공차역의 편치(μm)												
초과	이하	A	B	C	D	E	F	G	H	…	X	Y	Z	ZC
−	3	+270	+140	+60	+20	+14	+6	+2	0	…	−20		−26	−60
3	6	+270	+140	+70	+30	+20	+10	+4	0	…	−28		−35	−80
6	10	+280	+150	+80	+40	+25	+13	+5	0	…	−34		−42	−97
10	14	+290	+150	+95	+50	+32	+16	+6	0	…	−40		−50	−130
14	18										−45		−60	−150
18	24	+300	+160	+110	+65	+40	+20	+7	0	…	−54	−63	−73	−188
24	30										−64	−75	−88	−218
30	40	+310	+170	+120	+80	+50	+25	+9	0	…	−80	−94	−112	−274
40	50	+320	+180	+130							−97	−114	−136	−325

[B] 축의 기초가 되는 치수 허용차의 수치(KS B 0401, p18, 표4, 일부)

| 기준치수(mm) | | 공차역의 편차(μm) | | | | | | | | | | | | |
초과	이하	a	b	c	d	e	f	g	h	…	x	y	z	zc
–	3	−270	−140	−60	−20	−14	−6	−2	0	…	+20		+26	+60
3	6	−270	−140	−70	−30	−20	−10	−4	0	…	+28		+35	+80
6	10	−280	−150	−80	−40	−25	−13	−5	0	…	+34		+42	+97
10	14	−290	−150	−95	−50	−32	−16	−6	0	…	+40		+50	+130
14	18										+45		+60	+150
18	24	−300	−160	−110	−65	−40	−20	−7	0	…	+54	+63	+73	+188
24	30										+64	+75	+88	+218
30	40	−310	−170	−120	−80	−50	−25	−9	0	…	+80	+94	+112	+274
40	50	−320	−180	−130							+97	+114	+136	+325

※ 치수공차 한계와 끼워맞춤의 [A]와 [B]는 동일한 기준치수, 공차등급에서 부호만 반대로 크기 동일함

1) 구멍기준 축의 끼워맞춤 등급(상용 중 자주 쓰는 부분)

기준(구멍)	헐거운 끼워맞춤			중간끼워맞춤				억지 끼워맞춤		
H6	–	g5	h5	js5	k5	m5	–	–	–	–
	f6	g6	h6	js6	k6	m6	–	n6	p6	–
H7	f6	g6	h6	js6	k6	m6	n6	–	p6	r6
	f7	–	h7	js7	–	–	–	–	–	–

2) 축기준 구멍의 끼워맞춤 등급(상용 중 자주 쓰는 부분)

기준(축)	헐거운 끼워맞춤			중간끼워맞춤				억지 끼워맞춤		
h5	–	G6	H6	JS6	K6	M6	–	N6	P6	–
h6	F6	G6	H6	JS6	K6	M6	N6	–	P6	–
	F7	G7	H7	JS7	K7	M7	N7	–	P7	R7
h7	F7		H7		–	–	–	–	–	–

 상용하는 축 기준 구멍의 위·아래치수허용차(1/2)(상용 중 자주 쓰는 부분)

구멍 공차역 클래스의 위·아래치수허용차(μm)

기준치수 구분(mm) 초과	이하	B10	C9	C10	D8	D9	D10	E7	E8	E9	F6	F7	F8	G6	G7	H6	H7
−	3	+180 / +140	+85 / +60	+100 / +60	+34 / +20	+45 / +20	+60 / +20	+24 / +14	+28 / +14	+39 / +14	+12 / +6	+16 / +6	+20 / +6	+8 / +2	+12 / +2	+6 / 0	+10 / 0
3	6	+188 / +140	+100 / +70	+118 / +70	+48 / +30	+60 / +30	+78 / +30	+32 / +20	+38 / +20	+50 / +20	+18 / +10	+22 / +10	+28 / +10	+12 / +4	+16 / +4	+8 / 0	+12 / 0
6	10	+208 / +150	+116 / +80	+138 / +80	+62 / +40	+76 / +40	+98 / +40	+40 / +25	+47 / +25	+61 / +25	+22 / +13	+28 / +13	+35 / +13	+14 / +5	+20 / +5	+9 / 0	+15 / 0
10	14	+220 / +150	+138 / +95	+165 / +95	+77 / +50	+93 / +50	+120 / +50	+50 / +32	+59 / +32	+75 / +32	+27 / +16	+34 / +16	+43 / +16	+17 / +6	+24 / +6	+11 / 0	+18 / 0
14	18																
18	24	+244 / +160	+162 / +110	+194 / +110	+98 / +65	+117 / +65	+149 / +65	+61 / +40	+73 / +40	+92 / +40	+33 / +20	+41 / +20	+53 / +20	+20 / +7	+28 / +7	+13 / 0	+21 / 0
24	30																
30	40	+270 / +170	+182 / +120	+220 / +120	+119 / +80	+142 / +80	+180 / +80	+75 / +50	+89 / +50	+112 / +50	+41 / +25	+50 / +25	+64 / +25	+25 / +9	+34 / +9	+16 / 0	+25 / 0
40	50	+280 / +180	+192 / +130	+230 / +130													
50	65	+310 / +190	+214 / +140	+260 / +140	+146 / +146	+174 / +100	+220 / +146	+90 / +60	+106 / +60	+134 / +60	+49 / +30	+60 / +30	+76 / +30	+29 / +10	+40 / +10	+19 / 0	+30 / 0
65	80	+320 / +200	+224 / +150	+270 / +150													
80	100	+360 / +220	+257 / +170	+310 / +170	+174 / +120	+207 / +120	+260 / +120	+107 / +72	+126 / +82	+159 / +72	+58 / +36	+71 / +36	+90 / +36	+34 / +12	+47 / +12	+22 / 0	+35 / 0
100	120	+380 / +240	+267 / +180	+320 / +180													
120	140	+420 / +260	+300 / +200	+360 / +200	+208 / +145	+245 / +145	+305 / +145	+125 / +85	+148 / +85	+185 / +85	+68 / +43	+83 / +43	+106 / +43	+39 / +14	+54 / +14	+25 / 0	+40 / 0
140	160	+440 / +280	+310 / +210	+370 / +210													
160	180	+470 / +310	+330 / +230	+390 / +230													
180	200	+525 / +340	+335 / +40	+425 / +40	+242 / +170	+284 / +170	+355 / +170	+146 / +100	+172 / +100	+215 / +100	+79 / +50	+96 / +50	+122 / +50	+44 / +15	+61 / +15	+29 / 0	+46 / 0
200	225	+565 / +380	+375 / +260	+445 / +260													
225	250	+605 / +420	+395 / +280	+465 / +280													
250	280	+690 / +480	+430 / +300	+510 / +300	+270 / +190	+320 / +190	400 / +190	+162 / +110	+191 / +110	+240 / +110	+88 / +56	+108 / +56	+137 / +56	+49 / +17	+69 / +17	+32 / +17	+52 / 0
280	315	+750 / +540	+460 / +330	+540 / +330													

기준치수 구분(mm)		구멍 공차역 클래스의 위·아래치수허용차(μm)															
초과	이하	B10	C9	C10	D8	D9	D10	E7	E8	E9	F6	F7	F8	G6	G7	H6	H7
315	355	+830 +600	+500 +340	+590 +340	+299 +210	+350 +210	+440 +210	+182 +125	+214 +125	+265 +125	+98 +62	+119 +62	+151 +62	+54 +18	+75 +18	+36 0	+57 0
355	400	+910 +680	+540 +400	+630 +400													
400	450	+1010 +760	+595 +440	+690 +440	+327 +230	+385 +230	+480 +230	+198 +135	+232 +135	+290 +135	+108 +68	+131 +68	+165 +68	+60 +20	+83 +20	+40 0	+63 0
450	500	+1090 +840	+635 +480	+730 +480													

상용하는 축 기준 구멍의 위·아래치수허용차(2/2)(상용 중 자주 쓰는 부분)

치수 구분(mm)		구멍의 공차역 클래스(μm)													
초과	이하	H8	H9	H10	JS6	JS7	K6	K7	M6	M7	N6	N7	P6	P7	...
–	3	+14 0	+25 0	+40 0	±3	±5	0 -6	0 -10	-2 -8	-2 -12	-4 -10	-4 -14	-6 -12	-6 -16	...
3	6	+18 0	+30 0	+48 0	±4	±6	+2 -6	+3 -9	-1 -9	0 -12	-5 -13	-4 -16	-9 -17	-8 -20	...
6	10	+22 0	+36 0	+58 0	±4.5	±7	+2 -7	+5 -10	-3 -12	0 -15	-7 -16	-4 -19	-12 -21	-9 -24	...
10	14	+27 0	+43 0	+70 0	±5.5	±9	+2 -9	+6 -12	-4 -15	0 -18	-9 -20	-5 -23	-15 -26	-11 -29	...
14	18														
18	24	+33 0	+52 0	+81 0	±6.5	±10	+2 -11	+6 -15	-4 -17	0 -21	-11 -24	-7 -28	-18 -31	-14 -35	...
24	30														
30	40	+39 0	+62 0	+100 0	±8	±12	+3 -13	+7 -18	-4 -20	0 -25	-12 -28	-8 -33	-21 -37	-17 -42	...
40	50														
50	65	+46 0	+74 0	+120 0	±9.5	±15	+4 -15	+9 -21	-5 -24	0 -30	-14 -33	-9 -39	-26 -45	-21 -51	...
65	80														
80	100	+54 0	+87 0	+140 0	±11	±17	+4 -18	+10 -25	-6 -28	0 -35	-16 -38	-10 -45	-30 -52	-24 -59	...
100	120														
120	140	+63	+100	+160	±12.5	±20	+4 -21	+12 -28	-8 -33	0 -40	-20 -45	-12 -52	-36 -61	-28 -68	...
140	160														
160	180														
180	200	+72	+115	+185	±14.5	±23	+5 -24	+13 -33	-8 -37	0 -46	-22 -51	-14 -60	-41 -70	-33 -79	...
200	225														
225	250														
250	280	+81	+130	+210	±16	±26	+5 -27	+16 -36	-9 -41	0 -52	-25 -57	-14 -66	-47 -79	-36 -88	...
280	315														
315	355	+89	+140	+230	±18	±28.5	+7 -29	+17 -40	-10 -45	0 -57	-26 -62	-16 -73	-51 -81	-41 -98	...
355	400														
400	450	+97	+155	+250	±20	±31.5	+8 -32	18 -45	-10 -50	0 -63	-27 -67	-17 -80	-55 -95	-45 -108	...
450	500														

상용하는 구멍 기준 축의 위·아래치수허용차(1/2)(b~h 단위 : μm)

치수구분 (mm) 초과	이하	b9	c9	d8	d9	e7	e8	e9	f6	f7	f8	g5	g6	h5	h6	h7	h8	h9
–	3	-140	-610	-20		-14			-6			-2		0				
		-165	-85	-34	-45	-24	-28	-39	-12	-16	-20	-6	-8	-4	-6	-10	-14	-25
3	6	-140	-70	-30		-20			-10			-4		0				
		-170	-100	-48	-60	-32	-38	-50	-18	-22	-28	-9	-12	-5	-8	-12	-18	-30
6	10	-150	-80	-40		-25			-13			-5		0				
		-186	-116	-62	-76	-40	-47	-61	-22	-28	-35	-11	-14	-6	-9	-15	-22	-36
10	14	-150	-95	-50		-32			-16			-6		0				
		-193	-138	-77	-93	-50	-59	-75	-27	-34	-43	-14	-17	-8	-11	-18	-27	-43
14	18																	
18	24	-160	-110	-65		-40			-20			-7		0				
		-212	-162	-98	-117	-61	-73	-92	-33	-41	-53	-16	-20	-9	-13	-21	-33	-52
24	30																	
30	40	-170	-120	-80		-50			-25			-9		0				
		-232	-182	-119	-142	-75	-89	-112	-41	-50	-64	-20	-25	-11	-16	-25	-39	-62
40	50	-180	-130															
		-242	-192															
50	65	-190	-140	-100		-60			-30			-10		0				
		-264	-214	-146	-174	-90	-106	-134	-49	-60	-76	-23	-29	-13	-19	-30	-46	-74
65	80	-200	-150															
		-274	-224															
80	100	-220	-170	-120		-72			-36			-12		0				
		-307	-257	-174	-207	-107	-126	-159	-58	-71	-90	-27	-34	-15	-22	-35	-54	-87
100	120	-240	-180															
		-327	-267															
120	140	-260	-200	-145		-85			-43			-14		0				
		-360	-300	-208	-245	-125	-148	-185	-68	-83	-106	-32	-39	-18	-25	-40	-63	-100
140	160	-280	-210															
		-380	-310															
160	180	-310	-230															
		-410	-330															
180	200	-340	-240	-170		-100			-50			-15		0				
		-455	-355	-242	-285	-146	-172	-215	-79	-96	-122	-35	-44	-20	-29	-46	-72	-115
200	225	-380	-260															
		-495	-375															
225	250	-420	-280															
		-535	-395															

치수구분 (mm)		b	c	d		e			f			g		h				
초과	이하	b9	c9	d8	d9	e7	e8	e9	f6	f7	f8	g5	g6	h5	h6	h7	h8	h9
250	280	−480 / −610	−300 / −430	−190 / −271	−190 / −320	−110 / −162	−110 / −191	−110 / −240	−56 / −88	−56 / −108	−56 / −137	−17 / −40	−17 / −49	0 / −23	0 / −32	0 / −52	0 / −81	0 / −130
280	315	−540 / −670	−330 / −460	−190 / −271	−190 / −320	−110 / −162	−110 / −191	−110 / −240	−56 / −88	−56 / −108	−56 / −137	−17 / −40	−17 / −49	0 / −23	0 / −32	0 / −52	0 / −81	0 / −130
315	355	−600 / −740	−360 / −500	−210 / −299	−210 / −350	−125 / −185	−125 / −214	−125 / −265	−62 / −98	−62 / −119	−62 / −151	−18 / −43	−18 / −54	0 / −25	0 / −36	0 / −57	0 / −89	0 / −140
355	400	−680 / −820	−400 / −540	−210 / −299	−210 / −350	−125 / −185	−125 / −214	−125 / −265	−62 / −98	−62 / −119	−62 / −151	−18 / −43	−18 / −54	0 / −25	0 / −36	0 / −57	0 / −89	0 / −140
400	450	−760 / −915	−440 / −595	−230 / −327	−230 / −385	−135 / −198	−135 / −232	−135 / −290	−68 / −108	−68 / −131	−68 / −165	−20 / −47	−20 / −60	0 / −27	0 / −40	0 / −63	0 / −97	0 / −155
450	500	−840 / −955	−480 / −635	−230 / −327	−230 / −385	−135 / −198	−135 / −232	−135 / −290	−68 / −108	−68 / −131	−68 / −165	−20 / −47	−20 / −60	0 / −27	0 / −40	0 / −63	0 / −97	0 / −155

치수구분 (mm)		js			k		m		n	p	r	s	t	u	x
초과	이하	js5	js6	js7	k5	k6	m5	m6	n6	p6	r6	s6	t6	u6	x6
−	3	±2	±3	±5	+4 / 0	+6 / +6	+6 / +2	+8 / +2	+10 / +4	+12 / +6	+16 / +10	+20 / +14	−	+24 / +18	+26 / +20
3	6	±2.5	±4	±6	+6 / +1	+9 / +1	+9 / +4	+12 / +4	+16 / +8	+20 / +12	+23 / +15	+27 / +19	−	+31 / +23	+36 / +17
6	10	±3	±4.5	±7.5	±7	±10	±12	±15	+19 / +10	+24 / +15	+28 / +19	+32 / +23	−	+37 / +28	+43 / +34
10	14	±4	±5.5	±9	+9 / +1	+12 / +1	+15 / +7	+18 / +7	+23 / +12	+29 / +18	+34 / +23	+39 / +28	−	+44 / +33	+51 / +40
14	18	±4	±5.5	±9	+9 / +1	+12 / +1	+15 / +7	+18 / +7	+23 / +12	+29 / +18	+34 / +23	+39 / +28	−	+44 / +33	+56 / +45
18	24	±4.5	±6.5	±10.5	+11 / +2	+15 / +2	+17 / +8	+21 / +8	+28 / +15	+35 / +22	+41 / +28	+48 / +35	−	+54 / +41	+67 / +54
24	30	±4.5	±6.5	±10.5	+11 / +2	+15 / +2	+17 / +8	+21 / +8	+28 / +15	+35 / +22	+41 / +28	+48 / +35	+54 / +41	+64 / +48	+77 / +64
30	40	±5.5	±8	±12.5	+13 / +2	+18 / +2	+20 / +9	+25 / +9	+33 / +17	+42 / +26	+50 / +34	+59 / +43	+64 / +48	+76 / +60	−
40	50	±5.5	±8	±12.5	+13 / +2	+18 / +2	+20 / +9	+25 / +9	+33 / +17	+42 / +26	+50 / +34	+59 / +43	+70 / +54	+86 / +70	−
50	65	±6.5	±9.5	±15	+15 / +2	+21 / +2	+24 / +11	+30 / +11	+39 / +20	+51 / +32	+60 / +41	+72 / +53	+85 / +66	+106 / +87	−
65	80	±6.5	±9.5	±15	+15 / +2	+21 / +2	+24 / +11	+30 / +11	+39 / +20	+51 / +32	+62 / +43	+78 / +59	+94 / +75	+121 / +102	−
80	100	±7.5	±11	±17.5	+18 / +3	+25 / +3	+28 / +13	+35 / +13	+45 / +23	+59 / +37	+73 / +51	+93 / +71	+113 / +91	+146 / +124	−
100	120	±7.5	±11	±17.5	+18 / +3	+25 / +3	+28 / +13	+35 / +13	+45 / +23	+59 / +37	+73 / +54	+101 / +79	+126 / +104	+166 / +144	−
120	140	±9	±12.5	±20							+88 / +63	+117 / +92	+147 / +122	−	−

치수구분 (mm)		js			k		m		n	p	r	s	t	u	x
초과	이하	js5	js6	js7	k5	k6	m5	m6	n6	p6	r6	s6	t6	u6	x6
140	160				+21 +3	+28 +3	+33 +15	+40 +15	+52 +27	+68 +43	+90 +65	+125 +100	+159 +134		
160	180										+93 +68	+133 +108	+171 +146		
180	200										+106 +77	+15 +122			
200	225	±10	±14.5	±23	+24 +4	+33 +4	+37 +17	+46 +17	+60 +31	+79 +50	+109 +80	+159 +130	−	−	−
225	250										+113 +84	+169 +140			
250	280	±11.5	±16	±26	+27 +4	+36 +4	+43 +20	+52 +20	+66 +34	+88 +56	+126 +94	−	−	−	−
280	315										+130 +98				
315	355	±12.5	±18	±28.5	+29 +4	+40 +4	+46 +21	+57 +21	+73 +37	+98 +62	+144 +108	−	−	−	−
355	400										+150 +114				
400	450	±13.5	±20	±31.5	+32 +5	+45 +5	+50 +23	+63 +23	+80 +40	+108 +68	+166 +126	−	−	−	−
450	500										+172 +132				

8-5 상용 끼워맞춤의 일반적인 적용 방법

대상물의 모양, 용도 등에 따라 끼워맞춤 할 제품인지 또는 끼워맞춤 없는 제품인지 결정이 된다. 선 길이처럼 끼워맞춤할 대상이 아니면 치수의 공차는 「KS B ISO 2768-1_일반 공차 — 제1부 : 개별 공차 지시가 없는 선 치수와 각도 치수에 대한 공차」 기준에 의해 공차등급(정밀도)별 편차를 적용하게 되고 직경치수 중에서 끼워맞춤하는 제품, 요소의 경우에는 「KS B 0401 치수공차의 한계 및 끼워 맞춤」을 적용할 때 구멍 기준으로 할지, 축 기준으로 할지를 정한 후 성계자의 판단 또는 요구조건에 따라 헐거운 끼워맞춤, 중간 끼워맞춤, 억지 끼워맞춤의 상용 끼워맞춤 등급을 선정하면 된다.

8-5-1 치수공차의 끼워맞춤 등급 선정 방법

「KS B 0401 치수공차의 한계 및 끼워 맞춤」을 적용한 자주 쓰는 것의 끼워맞춤 등급 선정 방법을 설명한 흐름도는 아래와 같다.

1) 끼워맞춤 대상 여부를 판단하여 yes, no 흐름선 방향으로 진행
2) 끼워맞춤 하지 않는 대상(요소)인 경우 「KS B 2768-1 선치수 허용편차」의 가공정밀도에 따른 공차등급별 편차 적용
끼워맞춤 대상일 경우 「KS B 0401 치수공차의 한계 및 끼워 맞춤」의 관련 기준 적용
3) 구멍기준식으로 할지, 축기준식으로 할지 우선 결정
4) 구멍기준식으로 할 경우 적용구멍의 등급을 결정(판단)하여 축의 공차역클래스 중 선택
5) 축기준식으로 할 경우 적용 축의 등급을 결정(판단)하여 구멍의 공차역클래스 중 선택
6) 도면에 기준치수와 함께 끼워맞춤의 등급 표시 방법으로 지시(예: 50H7/g6)

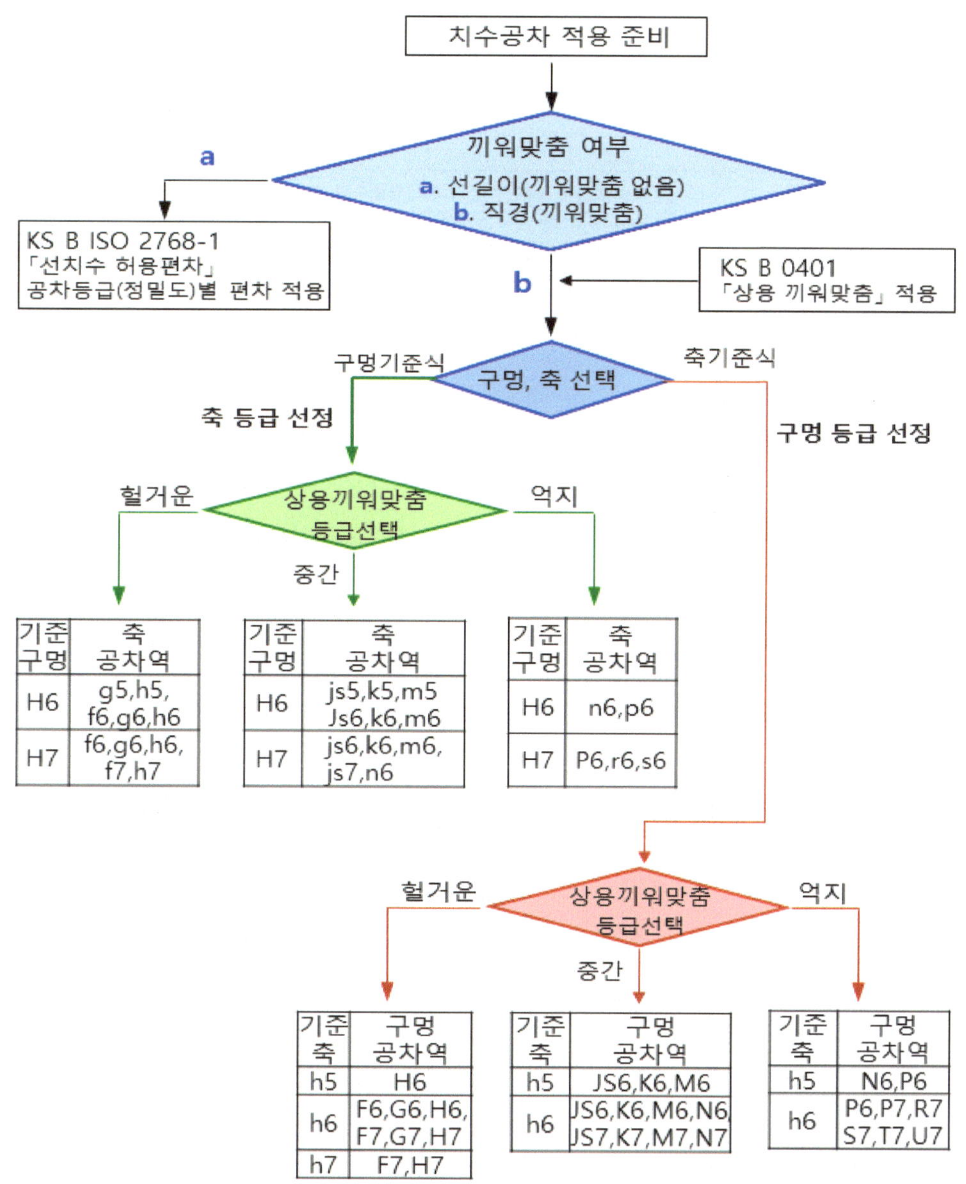

치수공차 적용 준비
끼워맞춤 여부
a. 선길이(끼워맞춤 없음)
b. 직경(끼워맞춤)
a
KS B ISO 2768-1
「선치수 허용편차」
공차등급(정밀도)별 편차 적용
b
KS B 0401
「상용 끼워맞춤」 적용
구멍기준식
축기준식
구멍, 축 선택
축 등급 선정
구멍 등급 선정
헐거운
상용끼워맞춤
등급선택
억지
중간
기준구멍	축 공차역
H6	g5,h5, f6,g6,h6
H7	f6,g6,h6, f7,h7
기준구멍	축 공차역
H6	js5,k5,m5 Js6,k6,m6
H7	js6,k6,m6, js7,n6
기준구멍	축 공차역
H6	n6,p6
H7	P6,r6,s6
헐거운
상용끼워맞춤
등급선택
억지
중간
기준축	구멍 공차역
h5	H6
h6	F6,G6,H6, F7,G7,H7
h7	F7,H7
기준축	구멍 공차역
h5	JS6,K6,M6
h6	JS6,K6,M6,N6 JS7,K7,M7,N7
기준축	구멍 공차역
h5	N6,P6
h6	P6,P7,R7 S7,T7,U7

[A] 대상물을 보고 투상 조건을 판단하여 투상 및 치수기입을 완성하시오

<table>
<tr>
<td>[A]</td>
<td></td>
<td>

</td>
</tr>
</table>

1) [설명]

제품은 4단 회전축이다.

치수대로 투상한 후 KS규격의 치수공차 설정과 기하공차를 부여하여야 한다.

- 대칭투상(또는 대칭투상 & 단면투상)으로 정면도 투상 후 치수와 (치수)공차를 기입할 것

- 적용할 (차수)공차는 부품별 기준치수, 공차등급 참조하여 KS 에서 선정)

- 정면도에 추가로 우측면도 필요한지 각자 판단하여 필요시에만 투상

※ 참고자료 : KS B ISO 2768-1의『모따기를 제외한 선 치수에 대한 허용 편차』								
등급		기준치수 범위에 대한 허용 편차(단위: mm)					
호칭	설명	0.5 이상 3 이하	3 초과 6 이하	6 초과 30 이하	30 초과 120 이하	120 초과 400 이하	400 초과 1000 이하	1000 초과 2000 이하
f	정밀급	±0.05	±0.05	±0.1	±0.15	±0.2	±0.3	±0.5
m	중간급	±0.1	±0.1	±0.2	±0.3	±0.5	±0.8	±1.2
c	거친급	±0.2	±0.3	±0.5	±0.8	±1.2	±2	±3
v	매우 거친급	–	±0.5	±1	±1.5	±2.5	±4	±6

✅ [결과]

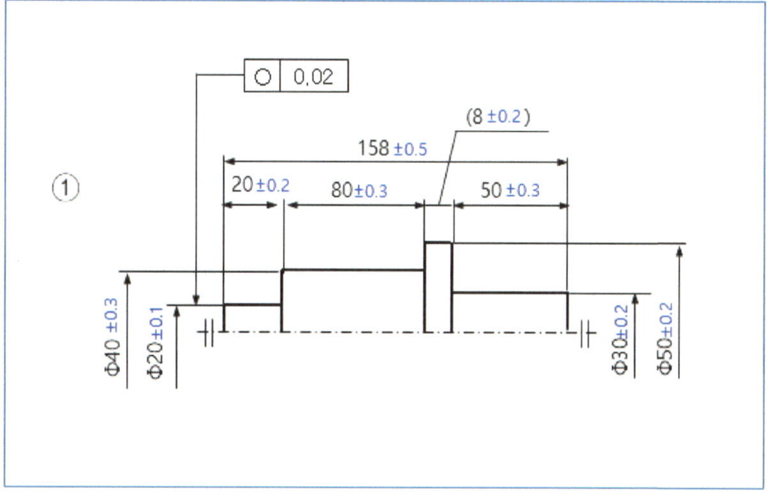

1) [A] 도면

2) 해석

- 대칭투상으로 투상하였다.
- 대칭투상 후 좌, 우측 중심선에 끝 부분에 두 개의 가는 실선으로 대칭임을 표시했다.
- 대칭투상에서 치수 기입을 통해 회전형 둥근 제품을 알 수 있어 우측면도는 생략했다.
- 치수기입 시 ∅50 요소의 폭 8을 나타내는 치수 기입은 공간이 좁아 직접 기입하지 못하므로 지시선으로 연결하여 나타냈으며 이때 치수선을 가리키는 지시선이므로 지시선 끝에 단말기호(화살표)는 사용하지 않았다.
- 각 치수의 공차값은 KS B ISO 2768-1의『모따기를 제외한 선 치수에 대한 허용 편차』표에서 가공등급(정밀도)에 따라 치수 길이를 적용하여 공차값을 나타냈다.
- ∅20 요소의 진원도는 데이텀 없이 지시되므로 그림처럼 나타내며 치수공차 ±0.1의 크기가 0.2이므로 주어진 조건(10%)을 적용하여 허용치가 0.02로 나타내었다.

[B] 「3단 회전축」에 KS규격의 치수 공차 설정과 기하공차를 나타내시오

1) [설명]

- 대칭투상(또는 대칭투상 & 단면투상)으로 정면도 투상 후 치수 기입
- 선치수, 직경 치수 전체 기준치수와 함께 공차를 기입할 것(공차는 위 치수허용차, 아래 치수허용차 값을 적을 것)
  - 선 치수 기입시공차는 KS B ISO 2768-1『모따기를제외한 선 치수에 대한 허용 편차』를 적용하여 위, 아래 치수허용차를 적을 것
  - 직경치수의 끼워맞춤 공차는 KS B 0401『치수공차의한계 및 끼워맞춤』에서 「상용하는 끼워맞춤에서 사용하는 구멍_축, 치수허용차」를 적용 공차역클래스의 끼워맞춤 등급을 적을 것
- 1단계부터 2단계까지 차례대로 수행하세요.

2) (1단계) 아래 부품 ②의 표에서 Φ30 요소에 기입한 공차(파란색 글자)처럼 Φ50 요소, Φ40 요소의 빈 곳 치수허용차를 찾아 쓰시오

부품 ②					
끼워맞춤 조건		끼워맞춤 → 치수 허용차	끼워맞춤 클래스 → 치수 허용차		
축	Φ30 헐거운	Φ30 H6 g5 → Φ30 $^{-0.007}_{-0.016}$	h5 → $^{0}_{-0.009}$ f6 → $^{-0.020}_{-0.033}$	g6 → $^{-0.007}_{-0.020}$	h6 → $^{0}_{-0.013}$
		Φ30 H7 f6 → Φ30 $^{-0.020}_{-0.033}$	g6 → $^{-0.007}_{-0.020}$ h6 → $^{0}_{-0.013}$	f7 → $^{-0.020}_{-0.041}$	h7 → $^{0}_{-0.021}$
축	Φ50 중간	Φ50 H6 Js5 → Φ50 ±00055	k5 → m5 →	Js6 →	k6 →
		Φ50 H7 Js6 → Φ50	k6 → m6 →	Js7 →	
축	Φ40 헐거운	Φ40 H6 g5 → Φ40	h5 → f6 → $^{-0.025}_{-0.041}$	g6 →	h6 →
		Φ40 H7 f6 → Φ40	g6 → h6 →	f7 →	h7 →

3) (2단계) 투상도를 그린 후 1단계에서 작성된 내용의 치수와 공차를 기입하시오

✅ [결과]

1) (1단계) 부품 ②의 치수 허용차 표 작성

- KS B 0401을 적용하여 치수 공차를 찾아 작성하는 것으로 실제 도면은 IT공차 등급을 기록하나 학습 이해를 돕고자 공차를 직접 기록하였음
- KS B 0401의 상용하는 끼워맞춤 축·구멍 별로 대응하는 상대편 부품(구멍·축)에 제시된 IT등급 중에서 한 가지를 임의 선택하여 작성하였음

끼워맞춤 조건		끼워맞춤 → 치수 허용차	끼워맞춤 클래스 → 치수 허용차			
축	Φ30 헐거운	Φ30 H6 g5 → Φ30 $^{-0.007}_{-0.016}$	h5 → $^{0}_{-0.009}$	f6 → $^{-0.020}_{-0.033}$	g6 → $^{-0.007}_{-0.020}$	h6 → $^{0}_{-0.013}$
		Φ30 H7 f6 → Φ30 $^{-0.020}_{-0.033}$	g6 → $^{-0.007}_{-0.020}$	h6 → $^{0}_{-0.013}$	f7 → $^{-0.020}_{-0.041}$	h7 → $^{0}_{-0.021}$
축	Φ50 중간	Φ50 H6 Js5 → Φ50 $\pm$00055	k5 → $^{+0.013}_{+0.002}$	m5 → $^{+0.020}_{+0.009}$	Js6 → $\pm$0.008	k6 → $^{+0.018}_{+0.002}$
		Φ50 H7 Js6 → Φ50 $\pm$0.008	k6 → $^{+0.013}_{-0.002}$	m6 → $^{-0.009}_{-0.025}$	Js7 → $\pm$0.012	
축	Φ40 헐거운	Φ40 H6 g5 → Φ40 $^{-0.009}_{-0.020}$	h5 → $^{0}_{-0.011}$	f6 → $^{-0.025}_{-0.041}$	g6 → $^{-0.009}_{-0.025}$	h6 → $^{0}_{-0.016}$
		Φ40 H7 f6 → Φ40 $^{-0.025}_{-0.041}$	g6 → $^{-0.009}_{-0.025}$	h6 → $^{0}_{-0.016}$	f7 → $^{-0.025}_{-0.050}$	h7 → $^{0}_{-0.025}$

※ 세부 설명 : 치수 허용차는 KS 상용 끼워맞춤 수준 중 등급을 먼저 결정하고 여기에 결합되는 여러 상용 등급에 대해 기준 치수별치수 허용차를 나타낸 결과임

2) (2단계) 도면(투상도 완성 및 치수공차 기입)

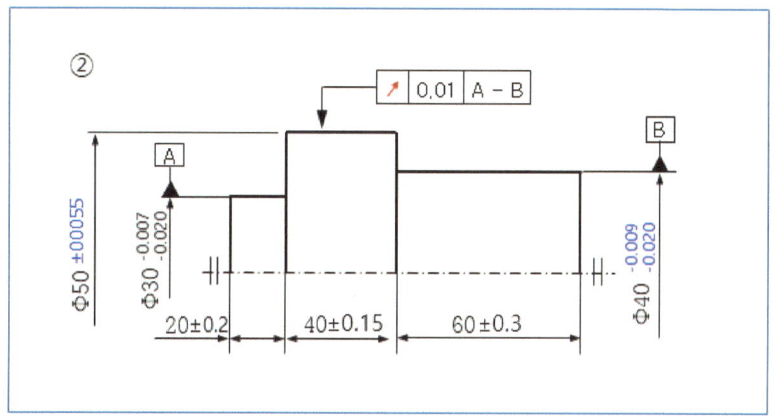

3) 해석

- 대칭투상으로 투상하였다.
- 대칭투상 후 좌, 우측 중심선에 끝 부분에 두 개의 가는 실선으로 대칭임을 표시했다.
- 대칭투상에서 치수 기입을 통해 회전형 둥근 제품을 알 수 있어 우측면도는 생략했다.
- 좌우방향 길이 치수는 끼워맞춤과 무관하므로 공차값은 KS B ISO 2768-1의 『모따기를 제외한 선 치수에 대한 허용 편차』 표에서 가공등급(정밀도)에 따라 치수 길이를 적용하여 공차값을 나타냈다.
- 직경의 공차 치수는 KS B 0401에서 「상용하는 끼워맞춤에서 사용하는 축의 치수 허용차」에 있는 기준 치수별 축의 공차역 클래스(허용 공차값)을 기입하였다.
- ∅50 요소의 원주 흔들림은 데이텀 A와 B의 공통데이텀에 의한 설정이므로 데이텀이므로 데이텀 A와 B를 먼저 표기하고 「A-B」 공통데이텀을 나타내었다.
  - 데이텀 A와 B는 축심을 의미하므로(「A-B」 공통데이텀으로 활용되려면 각 데이텀은 축심으로 해야 함) 축의 치수선에 맞닿은 바깥쪽에 데이텀 삼각 기호를 붙였다.
- ∅50에 원주 흔들림은 표면에 대한 규제이므로 지시선을 외형선에 직접 지시하였다.

[C] 「2단 회전축의 관통구멍 형체」에 KS규격의 치수 공차 설정과 기하
공차를 완성하기

[C]		🔷 관통 내경 Φ14_중간 끼워맞춤, 최소 크기 공차의 등급 적용 및 리머 가공, 좌우측 모떼기 5 모서리 가공
		🔷 우측 외경 Φ50_ 중간 끼워맞춤, 최소 크기 공차의 등급 적용 및 축 방향 길이 60, 데이텀 설정
		🔷 좌측 외경 Φ60_헐거운 끼워맞춤, 위 치수허용차 0인 등급 적용, 축 방향 길이 10, 축심에 동심도 0.2 설정

1) [설명]

- 대칭투상(또는 대칭투상 & 단면투상)으로 정면도 투상 후 치수 기입
- 선치수, 직경 치수 전체 기준치수와 함께 공차를 기입할 것(공차는 위 치수허용차, 아래 치수허용차 값을 적을 것)
  - 선 치수(가로 방향 치수) 기입시 공차는 KS B ISO 2768-1『모따기를 제외한 선 치수에 대한 허용 편차』를 적용하여 위, 아래 치수 허용차를 적을 것
  - 직경치수의 끼워맞춤 공차는 KS B 0401『치수공차의 한계 및 끼워맞춤』에서 「상용하는 끼워맞춤에서 사용하는 구멍_축, 치수허용차」를 적용 공차역클래스의 끼워맞춤 등급을 적을 것

『1단계부터 2단계까지 차례대로 완성하세요.

2) (1단계) 아래 부품 ③의 표에서 Φ14 구멍 요소에 기입한 공차(파란색 글자)처럼 Φ50 요소, Φ60 축 요소의 빈 곳 치수허용차를 찾아 쓰시오

<table>
<tr><th colspan="8">부품 ③</th></tr>
<tr><th colspan="2">끼워맞춤 조건</th><th>끼워맞춤 → 치수 허용차</th><th colspan="5">끼워맞춤 클래스 → 치수 허용차</th></tr>
<tr><td rowspan="2">구멍</td><td rowspan="2">Φ14
중간</td><td>Φ14 JS6 h5 → Φ14±0.0055</td><td>K6 → $^{+0.002}_{-0.009}$</td><td>M6 → $^{-0.004}_{-0.015}$</td><td>→</td><td></td></tr>
<tr><td>Φ14 JS6 h6 → Φ14±0.0055</td><td>K6 → $^{+0.002}_{-0.009}$</td><td>M6 → $^{-0.004}_{-0.015}$</td><td>JS7 → ±0.009</td><td>K7 → $^{+0.006}_{-0.012}$</td></tr>
<tr><td rowspan="2">축</td><td rowspan="2">Φ50
중간</td><td>Φ50 H6 Js5 → Φ50</td><td>k5 →</td><td>m5 →</td><td>Js6 →</td><td>k6 →</td></tr>
<tr><td>Φ50 H7 Js6 → Φ50</td><td>k6 →</td><td>m6 →</td><td>Js7 →</td><td></td></tr>
<tr><td rowspan="2">축</td><td rowspan="2">Φ60
헐거운</td><td>Φ60 H6 g5 → Φ60</td><td>h5 →</td><td>f6 →</td><td>g6 → $^{-0.010}_{-0.029}$</td><td>h6 →</td></tr>
<tr><td>Φ60 H7 f6 → Φ60</td><td>g6 → $^{-0.010}_{-0.029}$</td><td>h6 →</td><td>f7 →</td><td>h7 →</td></tr>
</table>

3) (2단계) 투상도를 그린 후 1단계에서 작성된 내용의 치수와 공차를 기입하시오

1) (1단계) 부품 ③의 치수 허용차 표 작성

- KS B 0401을 적용하여 치수 공차를 찾아 작성하는 것으로 실제 도면은 IT공차 등급을 기록하나 학습 이해를 돕고자 공차를 직접 기록하였음
- KS B 0401의 상용하는 끼워맞춤 축·구멍 별로 대응하는 상대편 부품(구멍·축)에 제시된 IT등급 중에서 한 가지를 임의 선택하여 작성하였음

부품 ③									
끼워맞춤 조건		끼워맞춤 → 치수 허용차	끼워맞춤 클래스 → 치수 허용차						
구멍	Φ14 중간	Φ14 JS6 h5 → Φ14±0.0055	K6 → +0.002 / -0.009	M6 → -0.004 / -0.015					
		Φ14 JS6 h6 → Φ14±0.0055	K6 → +0.002 / -0.009	M6 → -0.004 / -0.015	JS7 → ±0.009	K7 → +0.006 / -0.012			
축	Φ50 중간	Φ50 H6 Js5 → Φ50±0.0055	k5 → +0.013 / +0.002	m5 → +0.020 / +0.009	Js6 → ±0.008	k6 → +0.018 / +0.002			
		Φ50 H7 Js6 → Φ50±0.008	k6 → +0.018 / +0.002	m6 → +0.025 / +0.009	Js7 → ±0.012				
축	Φ60 헐거운	Φ60 H6 g5 → Φ60 -0.010 / -0.023	h5 → 0 / -0.013	f6 → -0.030 / -0.049	g6 → -0.010 / -0.029	h6 → 0 / -0.019			
		Φ60 H7 f6 → Φ60 -0.030 / -0.049	g6 → -0.010 / -0.029	h6 → 0 / -0.019	f7 → -0.030 / -0.060	h7 → 0 / -0.030			

※ 세부 설명 : 치수 허용차는 KS 상용 끼워맞춤 수준 중 등급을 먼저 결정하고 여기에 결합 되는 여러 상용 등급에 대해 기준 치수별치수 허용차를 나타낸 결과임

2) (2단계) 도면(투상도 및 치수공차 기입) 완성

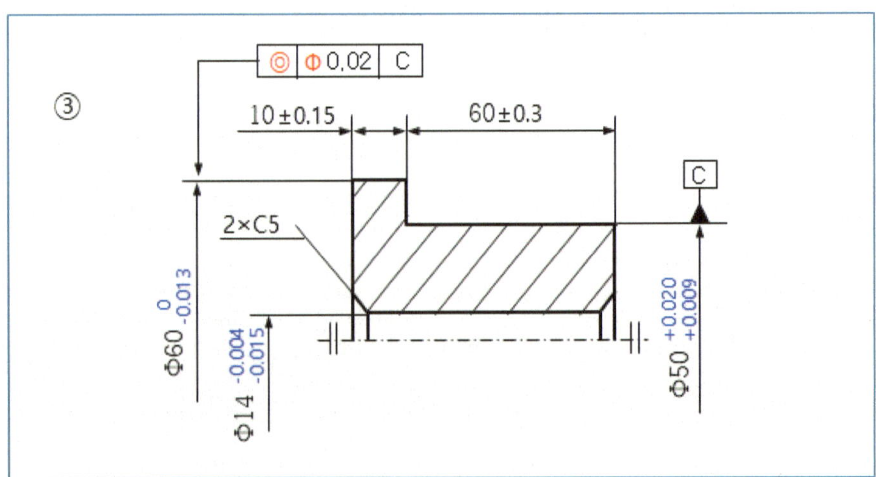

3) 해석

- 대칭투상 & 단면투상으로 투상하였다.
- 단면이 절단된 지점에는 해칭선으로 나타냈다.
- 대칭투상에서 치수 기입을 통해 회전형 둥근 제품을 알 수 있어 우측면도는 생략했다.
- 좌우방향 길이 치수는 끼워맞춤과 무관하므로 공차값은 KS B ISO 2768-1의 『모따기를 제외한 선 치수에 대한 허용 편차』표에서 가공등급(정밀도)에 길이를 적용하여 공차값을 나타냈다.
- 직경의 공차 치수는 KS B 0401에서 「상용하는 끼워맞춤에서 사용하는 축의 치수 허용차」에 있는 기준 치수별 축의 공차역 클래스(허용 공차값)을 기입하였다.
- ϕ14 관통구멍 요소의 좌, 우측에는 모따기 허용치 5를 2×C5로 표기하였다.
- ϕ60 요소의 동심도는 축심에 규제되는 것이므로 ϕ60 치수선에 맞닿은 바깥쪽에 기하공차 지시선을 붙였으며 도면의 동심도는 직경공차역으로 지정되므로 ϕ0.02로 표기함
- 데이텀 C는 축심을 의미하므로(동심도에서 활용되려면 규제부위와 데이텀이 동시에 축심으로 되어야 함) 축의 치수선에 맞닿은 바깥쪽에 데이텀 삼각 기호를 붙였다.
- ϕ50에 원주 흔들림은 표면에 대한 규제이므로 지시선을 외형선에 직접 지시하였다.

[B], [C]의 일체 도면

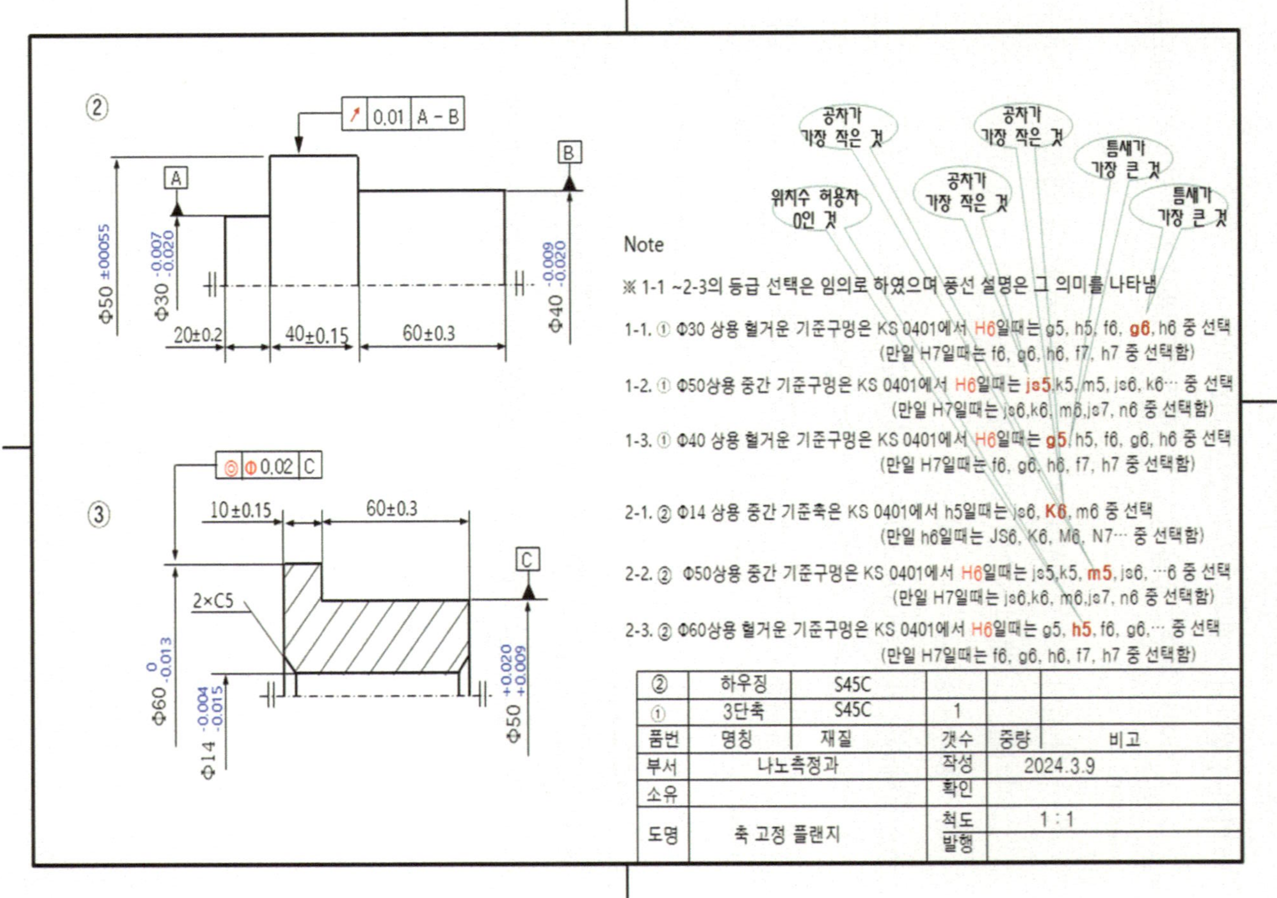

Note

※ 1-1 ~2-3의 등급 선택은 임의로 하였으며 풍선 설명은 그 의미를 나타냄

1-1. ① Φ30 상용 헐거운 기준구멍은 KS 0401에서 H6일때는 g5, h5, f6, **g6**, h6 중 선택
　　　(만일 H7일때는 f6, g6, h6, f7, h7 중 선택함)

1-2. ① Φ50상용 중간 기준구멍은 KS 0401에서 H6일때는 **js5**, k5, m5, js6, k6… 중 선택
　　　(만일 H7일때는 js6, k6, m6, js7, n6 중 선택함)

1-3. ① Φ40 상용 헐거운 기준구멍은 KS 0401에서 H6일때는 **g5**, h5, f6, g6, h6 중 선택
　　　(만일 H7일때는 f6, g6, h6, f7, h7 중 선택함)

2-1. ② Φ14 상용 중간 기준축은 KS 0401에서 h5일때는 js6, **K6**, m6 중 선택
　　　(만일 h6일때는 JS6, K6, M6, N7… 중 선택함)

2-2. ② Φ50상용 중간 기준구멍은 KS 0401에서 H6일때는 js5, k5, **m5**, js6, …6 중 선택
　　　(만일 H7일때는 js6, k6, m6, js7, n6 중 선택함)

2-3. ② Φ60상용 헐거운 기준구멍은 KS 0401에서 H6일때는 g5, **h5**, f6, g6,… 중 선택
　　　(만일 H7일때는 f6, g6, h6, f7, h7 중 선택함)

②	하우징	S45C			
①	3단축	S45C	1		
품번	명칭	재질	갯수	중량	비고
부서	나노측정과		작성	2024.3.9	
소유			확인		
도명	축 고정 플랜지		척도	1 : 1	
			발행		

[D] 플랜지 2단 요소에 끼워맞춤의 IT공차 등급 적용 도면 완성하기

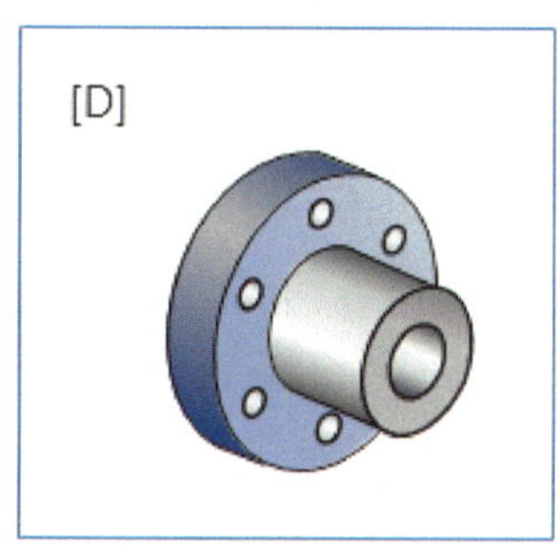

형상	크기	가공·특징	공차, 공차역클래스 선정 기준	참조
외경	Φ80×30	선삭, 정밀급(f)정밀도	길이, 가공 정밀도 기준에서 선정	KS B ISO 2768-1
	Φ40×50	선삭, 정밀급(f)정밀도		
피치원	Φ60_6×Φ6	Φ6드릴-관통구멍		
내경	Φ30×20	베어링 조립	축기준식, h6에 맞는 구멍끼워맞춤 등급은 상용 억지 끼워맞춤(P6, P7, R7,…중 선택)하되 최대 죔새(t)는 0.03이하(t ≤0.030) 조건	KS B 0401
	Φ20×60	축이 관통 조립	축기준식, h6에 맞는 구멍끼워맞춤 등급은 상용 중간끼워맞춤(JS6, K6, N6,…중 선택)하되 최대 틈새(t)는 0.002 이하(0.002) 조건	

1) 형상 특징과 용도

- 회전체 내부, 외부 모두 2단 직경으로 되었으며 재질은 스테인리스 합금 SUS401
- 좌측 내부에는 구멍이 있으며 베어링 조립 후 우측 구멍을 관통하는 축이 조립될 예정
- 볼트 고정을 위해 플랜지에 관통 구멍이 6개(Φ5) 있으며 피치원 직경은 Φ60
- 날카로운 모서리에 지시하지 않은 모떼기 0.1

2) 투상 기준과 요령

- 정면도만 투상하며 반단면 투상할 것
- 끼워맞춤하지 않는 선(Φ30, Φ20 제외 모든 치수)의 치수 공차 : KS B ISO 2768-1『모따기를 제외한 선 치수에 대한 허용 편차』 규격 참조
- 기준치수와 공차치수를 기입하며 끼워맞춤 되는 곳(Φ30, Φ20)은 축기준식 적용하며 공차역 클래스(IT등급)으로 표시
- 상용 끼워맞춤에 사용하는 구멍, 축의 허용 치수 : KS B 0401『치수공차의 한계 및 끼워맞춤』 규격 참조

3) 1단계부터 2단계까지 차례대로 완성하세요.

- (1단계) 공차역 클래스 도면 표시를 위해 아래 표를 먼저 완성할 것
- (2단계) 정면도 투상 도면에 치수와 공차역 클래스 기입하여 완성
  - Φ20 구멍의 축기준식, h6 조건에 맞는 끼워맞춤 등급 선정하기

  ( ) 안에 값을 찾아 쓰고 계산하기

요소	선택 등급	중간 끼워맞춤 공차역 클래스	축(기준) [Φ20h6]			(적용)구멍		
Φ20	K6	Φ20 K6 h6	20 $^{0}_{-0.013}$	최대 20.0 ⓐ 최소 19.987 ⓑ		K6	20 $^{+0.002}_{-0.001}$	최대 20.002 ⓒ 최소 19.989 ⓓ
	N6	Φ20 N6 h6	20 $^{0}_{-0.013}$	최대 20.0 ⓐ 최소 19.987 ⓑ		N6	20 $^{-0.011}_{-0.024}$	최대 19.989 ⓒ 최소 19.976 ⓓ

요소	선택 등급	중간 끼워맞춤 공차역 클래스	끼워맞춤	최소 찜새		제시 조건 충족여부(o, ×)	중간 끼워맞춤 조건 충족 결과
				(구멍 최대) - (축 최소)	계산 값		
Φ20	K6	Φ20 K6 h6	최대틈새	(ⓒ) (ⓑ)	( )	( )	Φ20( )h6
	N6	Φ20 N6 h6	최대틈새	(ⓒ) (ⓑ)	( )	( )	

- Φ30 구멍의 축기준식, h6 조건에 맞는 끼워맞춤 등급 선정하기

( ) 안에 값을 찾아 쓰고 계산하기

요소	선택 조건	억지 끼워맞춤 공차역 클래스	축(기준) _Φ30 h6			(적용)구멍			
Φ30	P6	Φ30 P6 h6	30 ⁰₋₀.₀₁₃	최대 30.0 ⓐ	최소 29.987 ⓑ	P6	30 -0.018 -0.030	최대 29.982 ⓒ	최소 29.970 ⓓ
	P7	Φ30 P7 h6	30 ⁰₋₀.₀₁₃	최대 30.0 ⓐ	최소 29.987 ⓑ	P7	30 -0.014 -0.035	최대 29.986 ⓒ	최소 29.965 ⓓ
	R7	Φ30 R7 h6	30 ⁰₋₀.₀₁₃	최대 30.0 ⓐ	최소 29.987 ⓑ	R7	30 -0.020 -0.041	최대 29.980 ⓒ	최소 29.959 ⓓ

요소	선택 조건	억지 끼워맞춤 공차역 클래스	끼워맞춤 결과	산식	최소 죔새 (축 최소) (구멍 최대)		최대 죔새 (축 최대) (구멍 최소)		제시 조건 충족여부(o, x)	억지 끼워맞춤 조건 충족 결과
Φ30	P6	Φ30 P6 h6	죔새	계산	(ⓑ)	(ⓒ)	(ⓐ) − (ⓓ)		( )	Φ30( )h6
				값	(ⓕ)		(ⓔ)			
	P7	Φ30 P7 h6	죔새	계산	(ⓑ)	(ⓒ)	(ⓐ) − (ⓓ)		( )	
				값	(ⓕ)		(ⓔ)			
	R7	Φ30 R7 h6	죔새	계산	(ⓑ)	(ⓒ)	(ⓐ) − (ⓓ)		( )	
				값	(ⓕ)		(ⓔ)			

✅ [결과]

- $\Phi20$ 구멍의 끼워맞춤 조건에 맞는 끼워맞춤 등급 표 작성

  - $\Phi20$ 구멍에 h6 축기준식 중간 끼워맞춤 조건을 선정하도록 제시되었으므로 h6에 상용 중간 끼워맞춤이 가능한 H6, N6중 선택하되 최대 틈새(t)는 0.002 이하(t≤(0.002) 조건을 충족하는 것은 $\Phi20$ K6h6, $\Phi20$ N6h6 중 N6h6일 때 최대 틈새 (19.989 − 19.987) 0.002로 조건을 충족하여 선정함

- $\Phi30$ 구멍의 끼워맞춤 조건에 맞는 끼워맞춤 등급 표 작성

  - $\Phi30$ 구멍에 h6 축기준식 억지 끼워맞춤 조건을 선정하도록 제시되었으므로 h6에 상용 중간 끼워맞춤이 가능한 P6, P7, R7중 선택하되 최소 죔새(t)는 0.006 이상(t≥0.030) 조건을 충족하는 것은 $\Phi30$ P6h6, $\Phi30$ P7h6, $\Phi30$ R7h6 중 R7h6일때 최소 죔새(29.987 − 29.980) 0.007로 조건을 충족하여 선정함

- $\Phi80$, $\Phi40$ 외경은 치수는 끼워맞춤과 무관하므로 공차값은 KS B ISO 2768-1 의『모따기를 제외한 선 치수에 대한 허용 편차』표에서 가공등급 (f)정밀도에 따라 치수 길이를 적용하여 공차값을 나타냈다.

  - $\Phi20$ 구멍의 축기준식, h6 조건에 맞는 끼워맞춤 등급 선정 결과

요소	선택 등급	중간 끼워맞춤 공차역 클래스	축(기준) [Φ20h6]			(적용)구멍		
Φ20	K6	Φ20 K6 h6	20 $^{0}_{-0.013}$	최대 20.0 ⓐ 최소 19.987 ⓑ		K6 20 $^{+0.002}_{-0.001}$	최대 20.002 ⓒ 최소 19.989 ⓓ	
	N6	Φ20 N6 h6	20 $^{0}_{-0.013}$	최대 20.0 ⓐ 최소 19.987 ⓑ		N6 20 $^{-0.011}_{-0.024}$	최대 19.989 ⓒ 최소 19.976 ⓓ	

요소	선택 등급	중간 끼워맞춤 공차역 클래스	끼워맞춤	최대 틈새		계산 값	제시 조건 충족여부(○, ×)	억지 끼워맞춤 조건 충족 결과
				(구멍 최대) − (축 최소)				
Φ20	K6	Φ20 K6 h6	최대틈새	20.002 − 19.987		0.015	(×)	Φ20 (N6)h6
	N6	Φ20 N6 h6	최대틈새	19.989 − 19.987		0.002	(○)	

- Φ30 구멍의 축기준식, h6 조건에 맞는 끼워맞춤 등급 선정 결과

요소	선택 등급	억지끼워맞춤 공차역 클래스	축(기준) [Φ30 h6]				(적용)구멍				끼워맞춤 결과
Φ30	P6	Φ30 P6 h6	30	0 / -0.013	최대 30.0 ⓐ	최소 29.987 ⓑ	P6	30	-0.018 / -0.030	최대 29.982 ⓒ / 최소 29.970 ⓓ	찜새
	P7	Φ30 P7 h6	30	0 / -0.013	최대 30.0 ⓐ	최소 29.987 ⓑ	P7	30	-0.014 / -0.035	최대 29.986 ⓒ / 최소 29.965 ⓓ	찜새
	R7	Φ30 R7 h6	30	0 / -0.013	최대 30.0 ⓐ	최소 29.987 ⓑ	R7	30	-0.020 / -0.041	최대 29.980 ⓒ / 최소 29.959 ⓓ	찜새

요소	선택 등급	억지끼워맞춤 공차역 클래스	산식	최소 찜새 (축 최소) - (구멍 최대)	최대 찜새 (축 최대) - (구멍 최소)	제시 조건 충족여부(ㅇ, ×)	억지 끼워맞춤 조건 충족 결과
Φ30	P6	Φ30 P6 h6	계산	29.987 - 29.982	30 - 29.970	( )	
			값	0.005	0.030		
	P7	Φ30 P7 h6	계산	29.987 - 29.986	30 - 29.965	( )	Φ30(R7)h6
			값	0.001	0.035		
	R7	Φ30 R7 h6	계산	29.987 - 29.980	30 - 29.959	(◯)	
			값	0.007	0.041		

2) (2단계) 도면(투상도 및 치수공차 기입) 완성

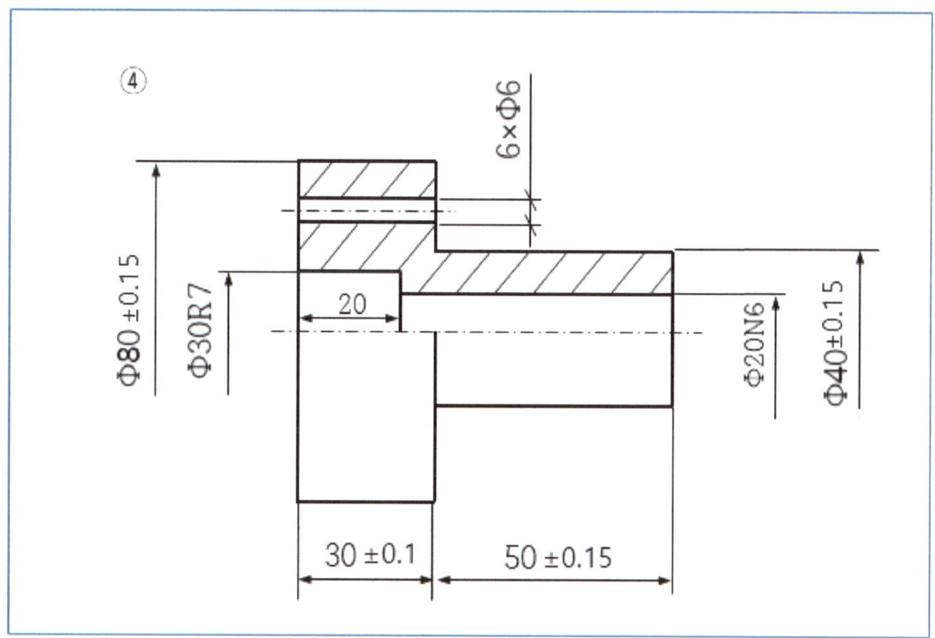

- 정면도만 투상하되 반단면 투상하였음
- 제품의 중심선 위쪽 방향을 절단, 단면투상하고 아래쪽은 외형을 투상함
- Φ80, Φ40은 외경으로 끼워맞춤과 부관하므로 공차값은 KS B ISO 2768-1의

『모따기를 제외한 선 치수에 대한 허용 편차』표에서 가공등급 (f)정밀도와 치수 길이를 적용하여 공차값을 나타냈다.

- $\varnothing$30, $\varnothing$20 내경의 공차 치수는 KS B 0401에서 「상용하는 끼워맞춤에서 사용하는 축의 치수 허용차」에 있는 기준 치수별 축의 공차역 클래스(허용 공차값)을 기입하였다.
  - $\varnothing$30, 축기준식, h6에 맞는 구멍끼워맞춤으로 상용 억지 끼워맞춤 대상 P6, P7, R7,…중 중 최대 죔새(t)는 0.03이하(t ≤ 0.030) 조건에 부합한 것은 R7으로 $\varnothing$30R7로 표시함
  - $\varnothing$20, 축기준식, h6에 맞는 구멍끼워맞춤으로 상용 중간 끼워맞춤 대상 JS6, K6, M6, N6,…중 최대 죔새(t)는 0.03이하(t ≤ 0.030) 조건에 부합한 것은 N6로 $\varnothing$30N6로 표시함

[D]의 도면

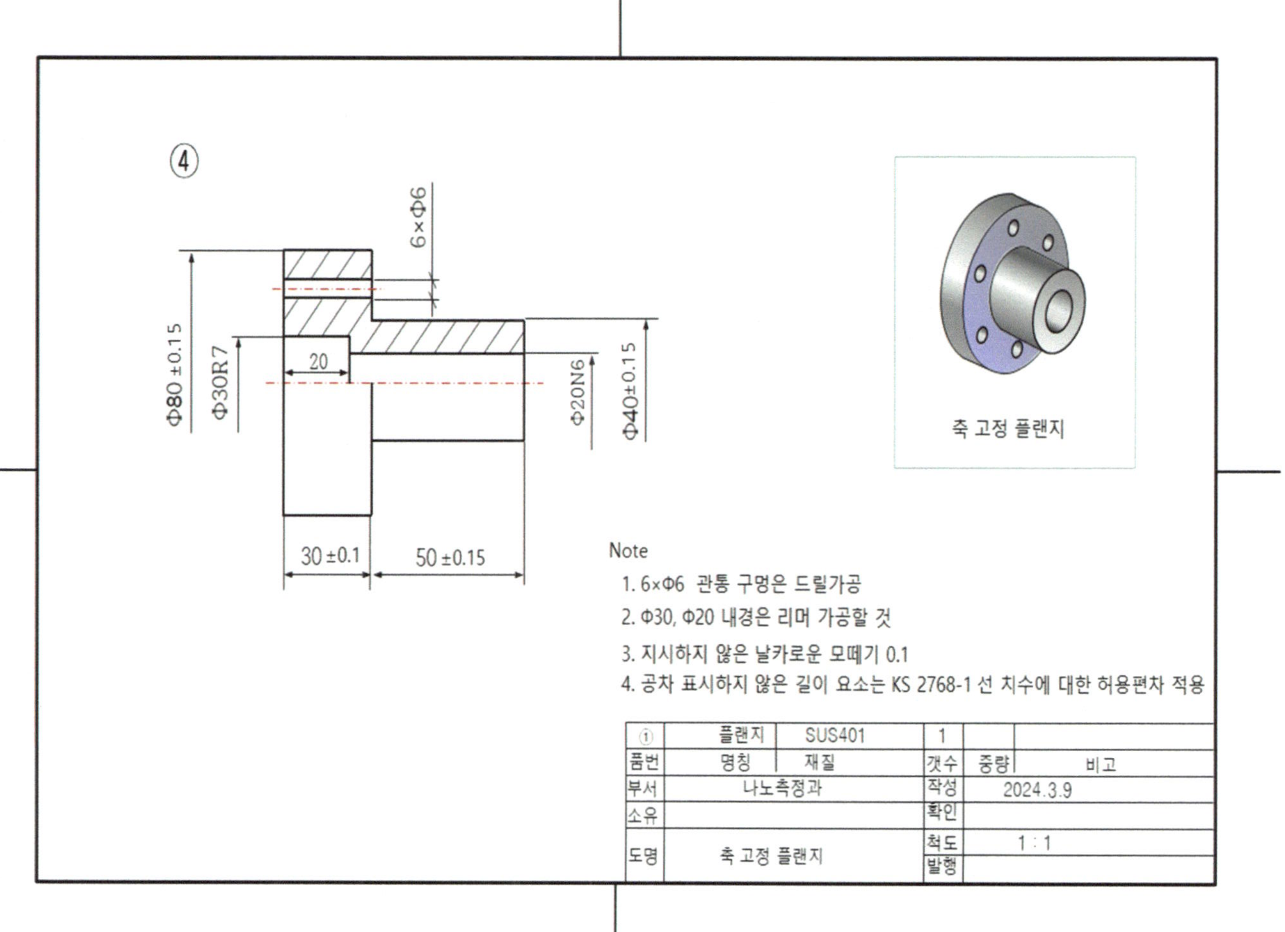

①	플랜지	SUS401	1		
품번	명칭	재질	갯수	중량	비고
부서	나노측정과		작성	2024.3.9	
소유			확인		
도명	축 고정 플랜지		척도	1 : 1	
			발행		

기계제도와 도면해독

기하공차

09 기하공차

9-1 기하공차 사용의 장점

제품 치수와 형상의 완성도가 높아 결합부품 상호간에 호환성을 주고 결합을 보증할 수 있다.

제작공차가 커지므로 생산원가를 절감하여 생산성을 높일 수 있어 경제적이고 효율적인 생산을 할 수 있다.

검사 · 측정 시 기능게이지에 필요한 치수 설정이 가능해 편리하다.

9-2 기하공차의 종류와 분류

(KS A ISO 1101)

기하공차는 형상의 특성이나 상호 관련성, 표현 기준에 따라 형상(모양) 관련 공차, 자세 관련 공차, 위치 관련 공차, 흔들림 관련 공차로 분류하여 구분한다.

※ 형상관련 공차는 간단히 「형상공차」라 하며 종전 모양 공차에서 2016년 부터 용어가 변경 되었다.

동일한 기하공차일지라도 공차를 지정하는 기준이 데이텀 필요 여부나 조립 시 상대 부품과의 관계 등에 따라 유무, 어떤가에 따라 분류 기준이 달라질 수 있다.

1. **형상공차** : 진직도,평면도, 진원도, 원통도, 선의 윤곽도, 면의 윤곽도

2. **자세공차** : 평행도, 직각도, 경사도, 선의 윤곽도, 면의 윤곽도

3. **위치공차** : 위치도, 동심도, 대칭도 , 선의 윤곽도, 면의 윤곽도

4. **흔들림공차** : 원주흔들림, 온흔들림

기계제도와 도면해독

실습과제

1 판형 제품 그림 스케치하기

1) 아래의 두 방향에서 찍은 제품 사진(①~⑥)을 보고 윤곽을 연필로 스케치하되 등각도로 그리시오

(제품의 사진은 육면체 제품을 절삭해서 만들었으므로 외곽 면, 선은 서로 평행한 형태임)

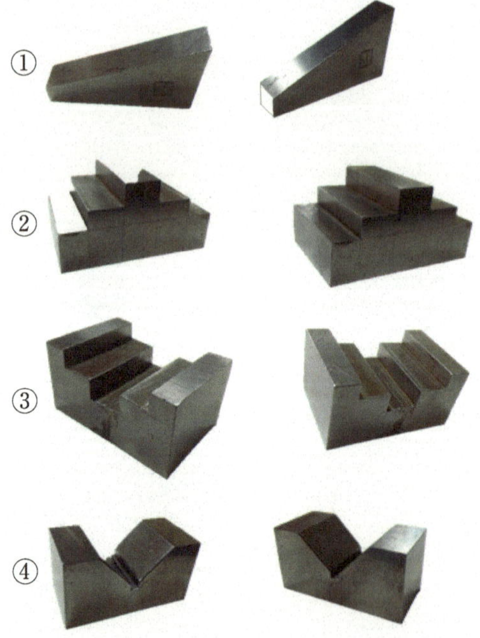

⑤

⑥ 

제도실습   **2) 도명 : 한글쓰기 연습**

실습 방법 : 아래 내용을 빈칸 방안지 눈금에 맞춰 0.5mm 굵기로 작성

한 국 산 업 규 격 표 준 기 계 제 도 실 습 나 속 밀 정 척 기 하 공 차

공 정 선 노 나 차 공 부 공 가 제 리 기 관 결 품 학 내 습 연 지 문

부서(학과)		작성일	척도
소유(작성자)		반/학번( )반( )번	
	명도	확인자	

제도실습

3) 도명 : 선그리기 연습

(실습 방법) : 그려진 내용을 보고 A4 도면에 정해진 규격으로 그리시오
작도 선의 굵기와 선의 종류를 맞춰서 그리되, 선의 길이는 임의로 적당히 함
직선자, 원호자를 사용할 수 없는 도형의 작도는 손으로 최대한 동일하게 작업함

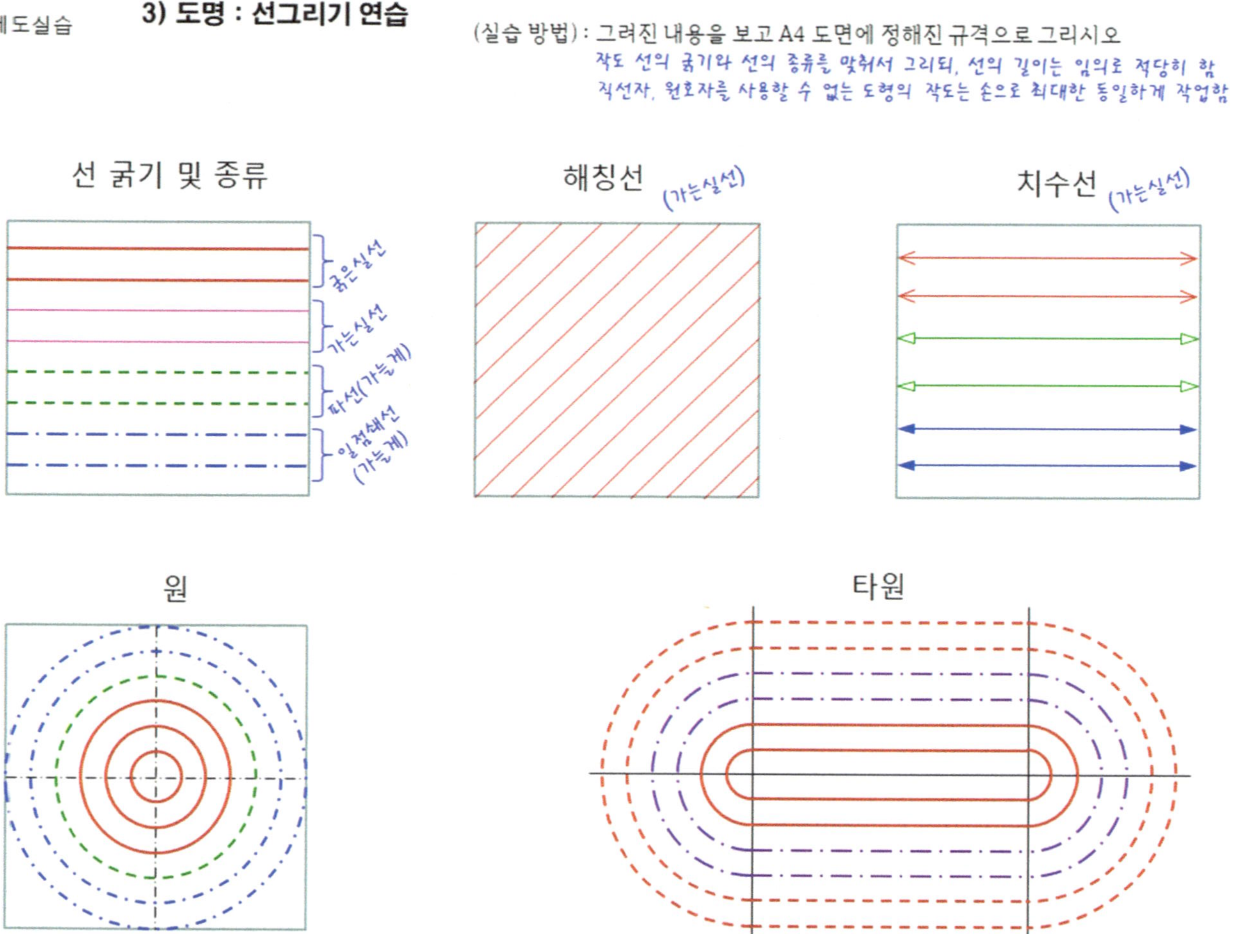

제도실습 1. 도명 : 등각도를 정투상하기(a)

실습 방법 : 아래 ①~⑥ 등각도를 화살표 방향을 정면도로 하여 정방안지에 3면투상(정면도, 우측면도, 평면도) 하시오 (여백선_굵은실선, 숨은선_파선)을 도면에 사용)

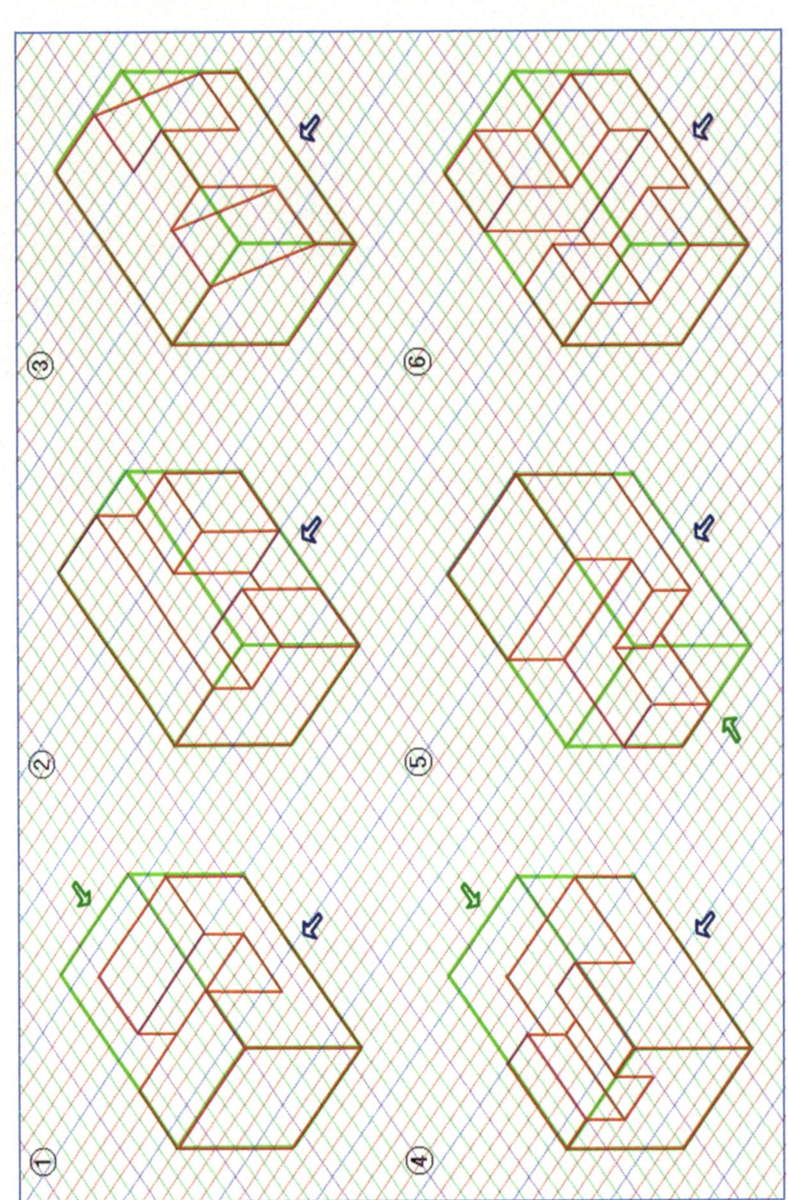

제도실습

2. 도명 : 등각도를 정투상하기(b)

실습 방법 : 아래 ①~⑥ 등각도를 화살표 방향을 정면도로 하여
정방안지에 3면투상(정면도, 우측면도, 평면도) 하시오
(외형선_굵은실선, 숨은선_파선을 도면에 사용)

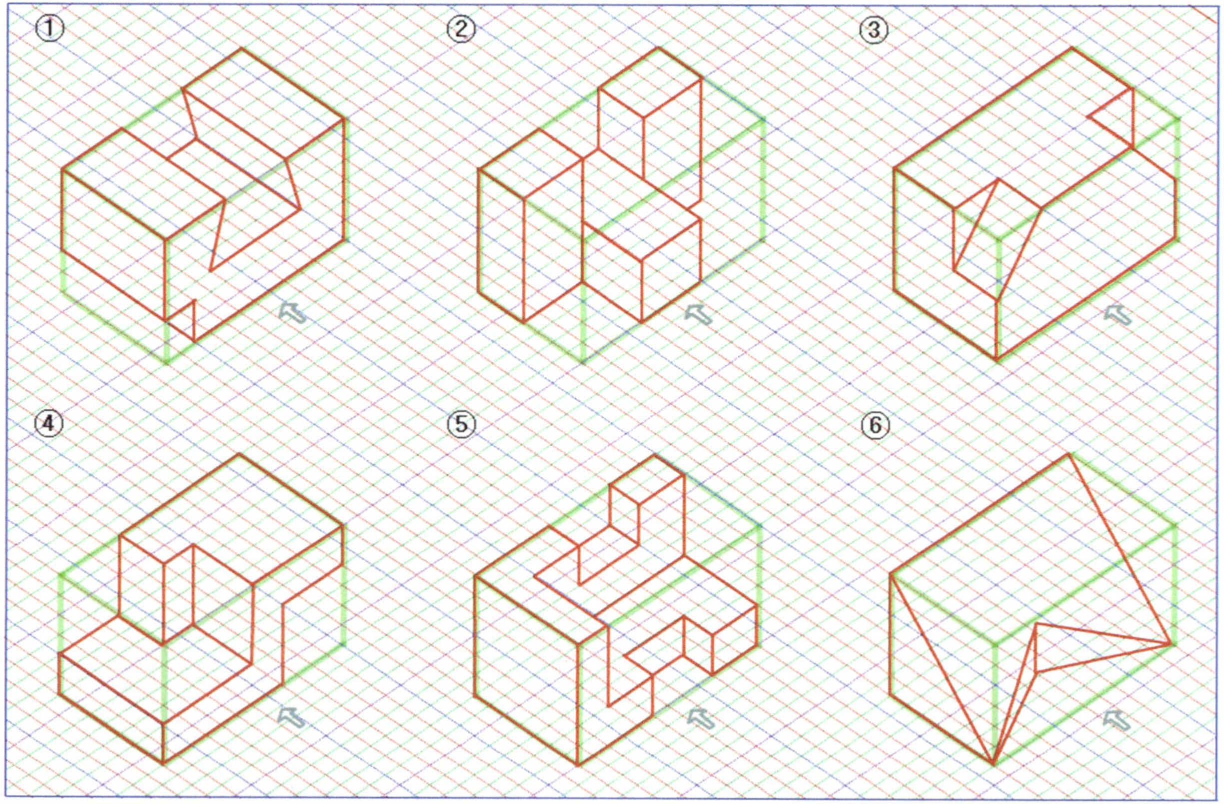

제도실습

3. 도명 : 등각도를 정투상하기(c)

실습 방법 : 아래 ①~⑥ 등각도를 화살표 방향을 정면도로 하여
정방안지에 3면투상(정면도, 우측면도, 평면도) 하시오
(외형선_굵은실선, 숨은선_파선을 도면에 사용)

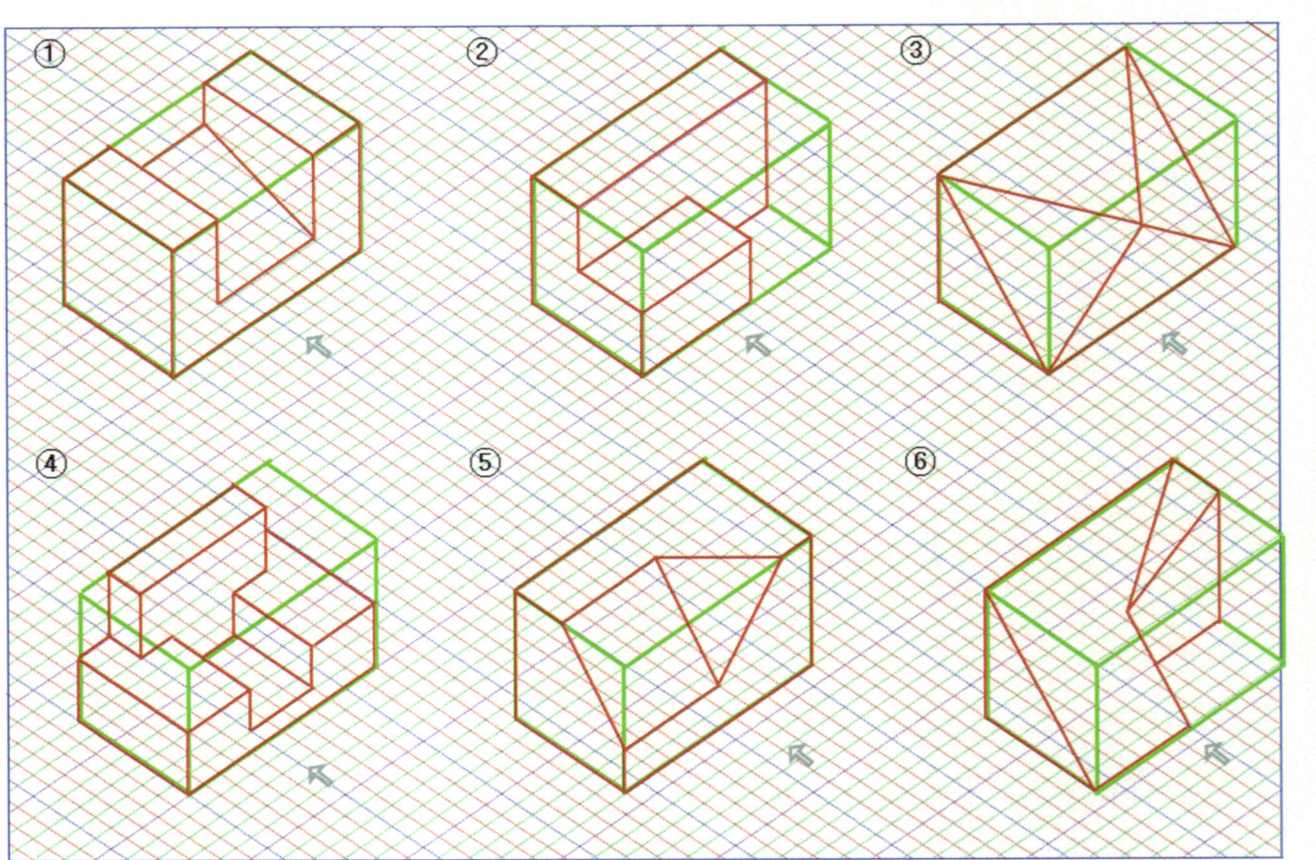

7) 등각도를 정투상하기(d)

4. 도면 : 등각도를 정투상하기(d)

실습방법 : 아래 ①~⑥ 등각도를 화살표 방향을 정면도로 하여 정방안지에 3면투상(정면도, 우측면도, 평면도) 하시오.
(외형선_굵은실선, 숨은선_파선 도면에 사용)

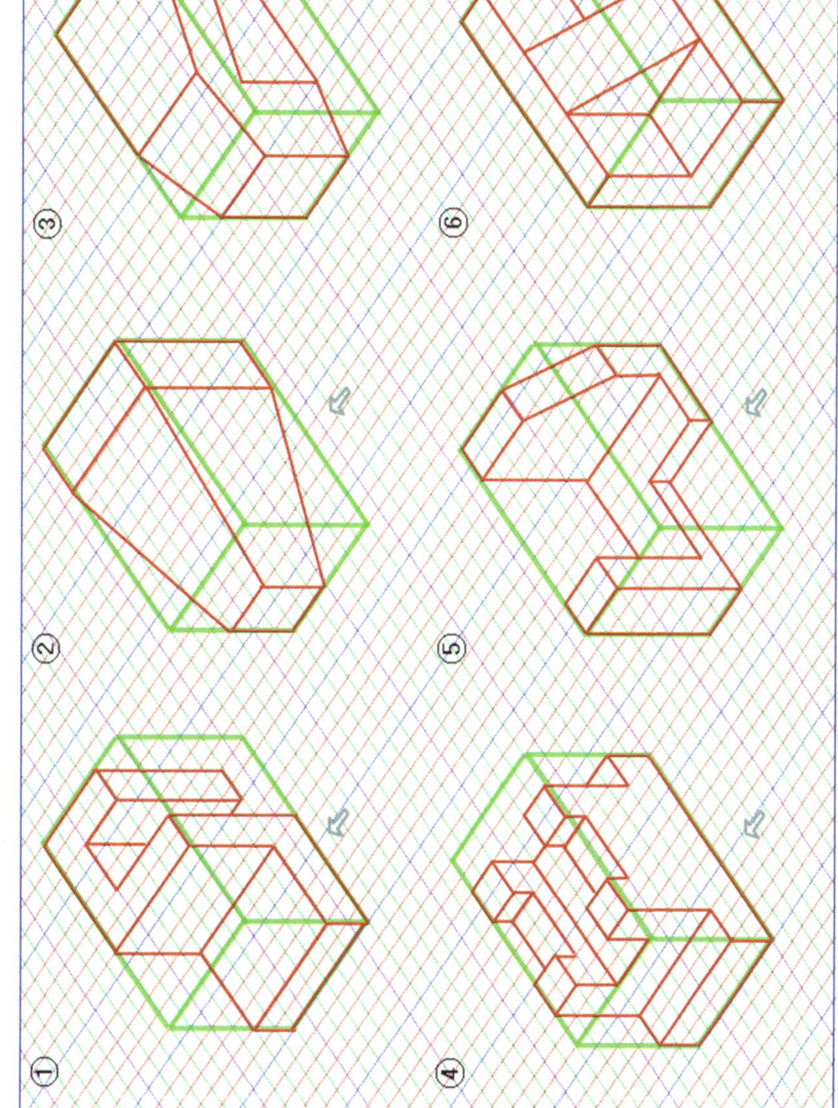

제도실습

5. 도면 : 등각도를 정투상하기(e)

실습 방법 : 아래 ①~⑥ 등각도를 화살표 방향을 정면도로 하여 정방안지에 3면투상(정면도, 우측면도, 평면도) 하시오
(외형선_굵은실선, 숨은선_파선을 도면에 사용)

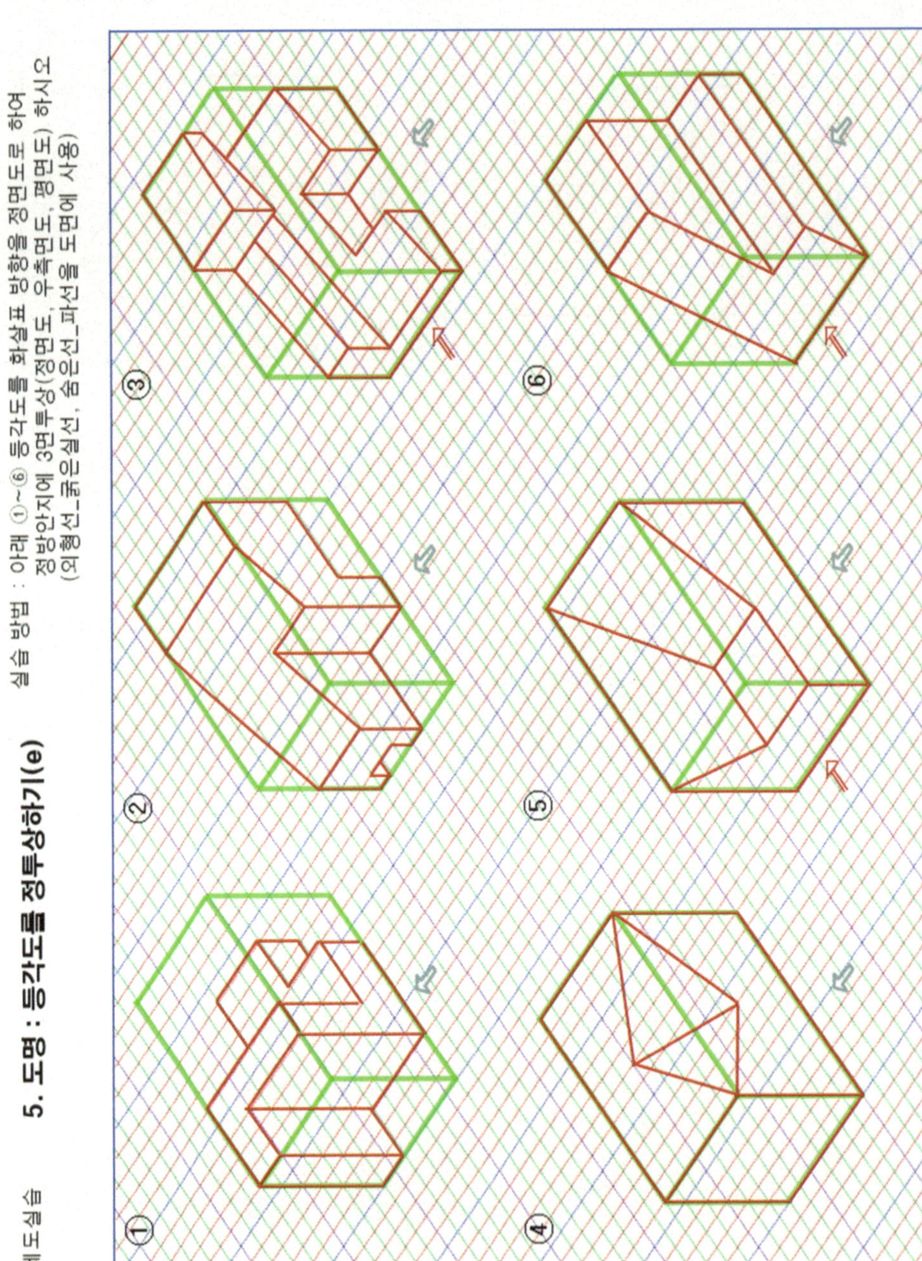

제도실습

6. 도명 : 캐비닛도를 정투상하기(f)

실습 방법 : 아래 ①~⑥ 등각도를 화살표 방향을 정면도로 하여 정방안지에 3면투상(정면도, 우측면도, 평면도) 하시오
(외형선_굵은실선, 숨은선_파선을 도면에 사용)

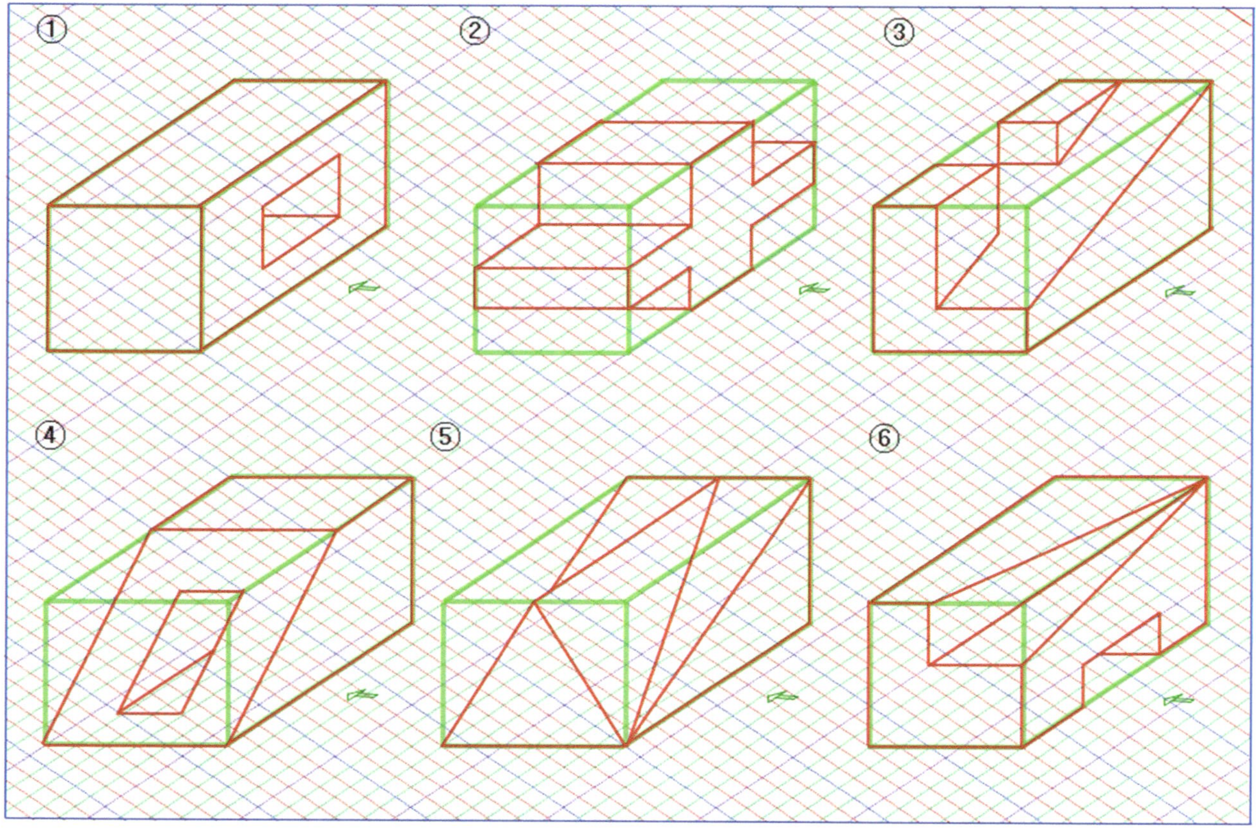

제도실습

7. 도면 : 캐비닛도를 정투상하기(g)

실습 방법 : 아래 ①~⑥ 등각도를 화살표 방향을 정면도로 하여
정방안지에 3면투상(정면도, 우측면도, 평면도) 하시오
(외형선_굵은실선, 숨은선_파선을 도면에 사용)

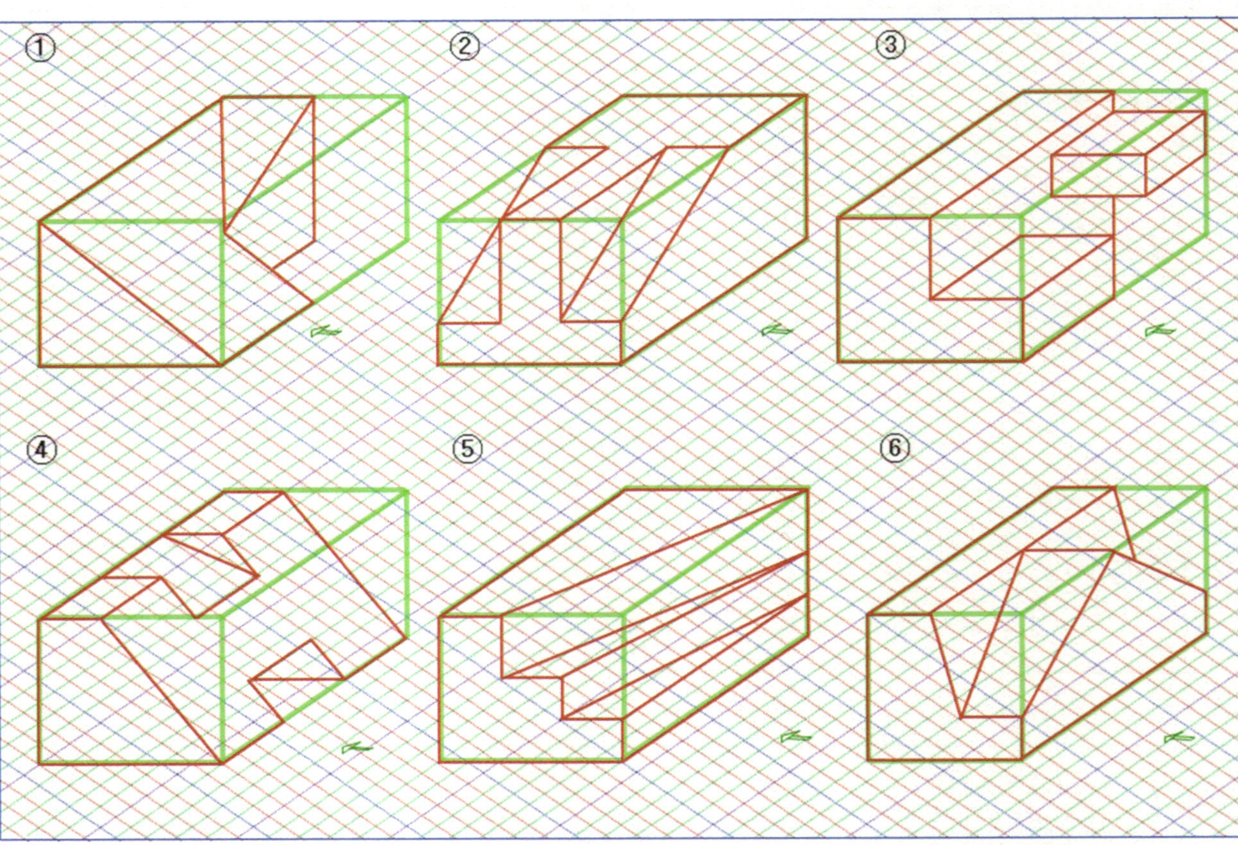

11) 정투상도를 등각도로 그리기(a)

제도실습 **11) 도명 : 정투상도를 등각도로 그리기(a)**

실습 방법 : ①~⑥의 정투상도를 보고 사선방안지에 등각도로 그리시오(눈금 칸수 동일 적용)

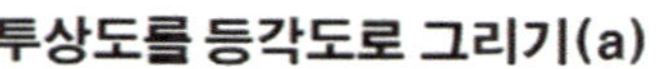

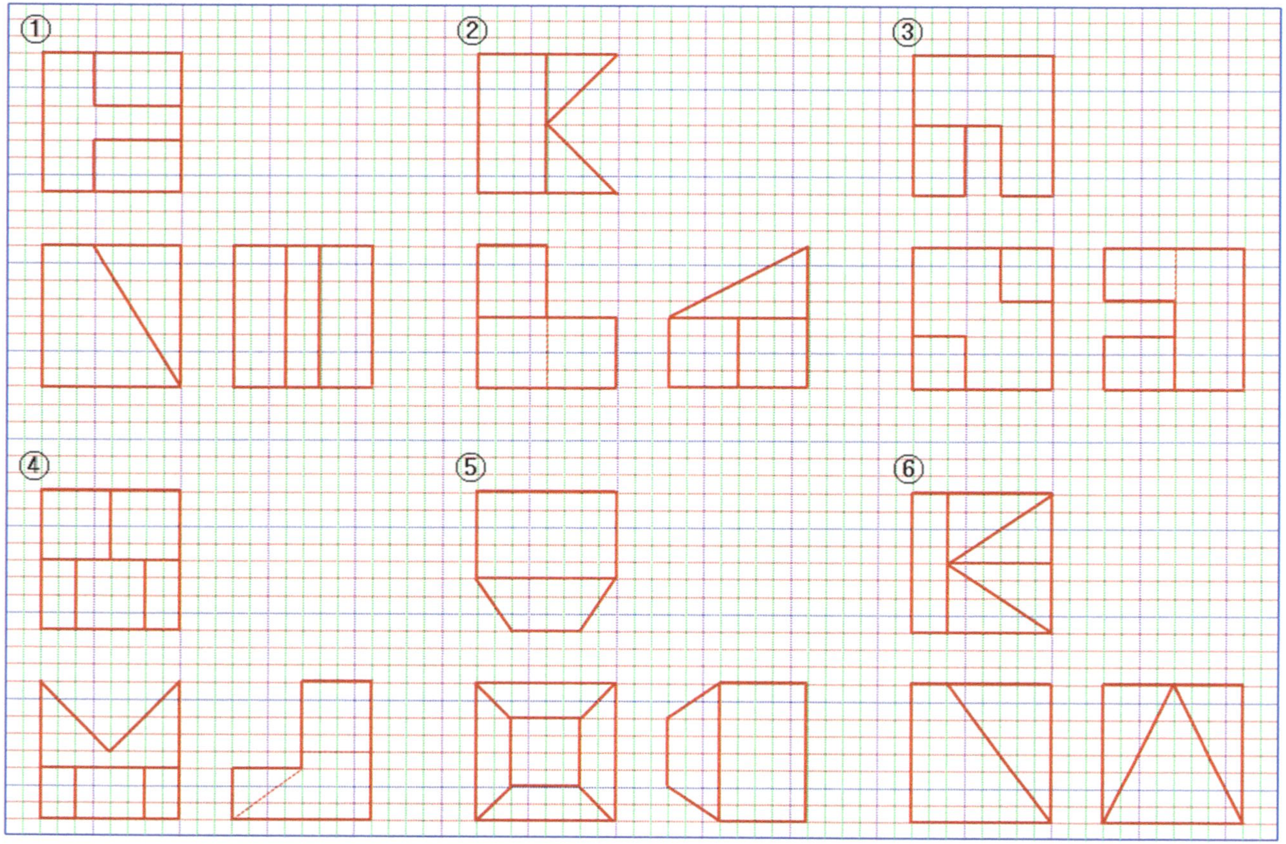

12) 정투상도를 등각도로 그리기(b)

제도실습

12) 도명 : 정투상도를 등각도로 그리기(b)

실습 방법 : ①~⑥의 정투상도를 보고 사선방안지에 등각도로 그리시오(눈금 칸수 동일 적용)

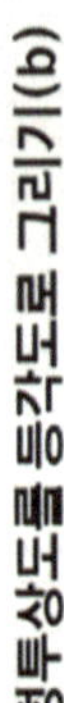

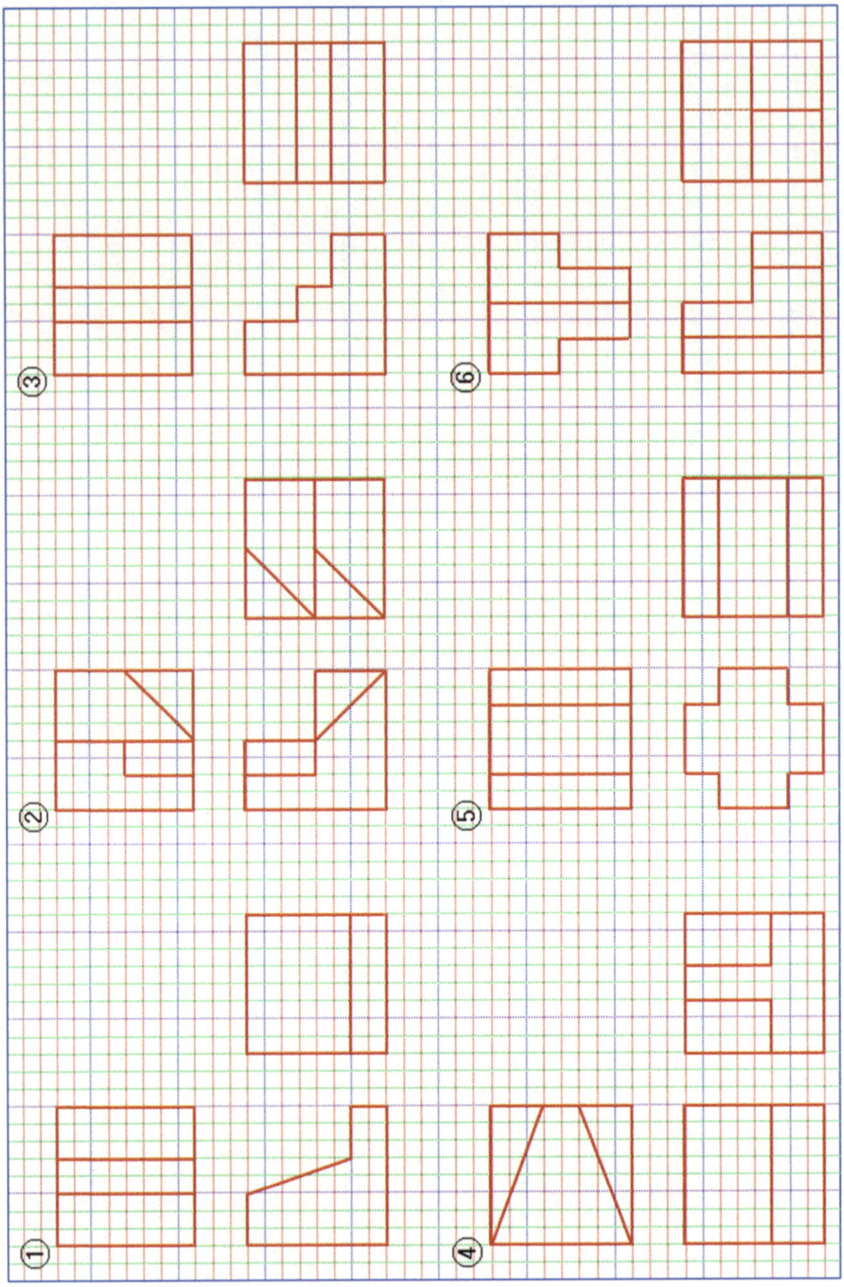

13) 정투상도를 등각도로 그리기(c)

제도실습　　**13) 도면 : 정투상도를 등각도로 그리기(c)**

실습 방법 : ①~⑥의 정투상도를 보고 사선방향지에 등각도로 그리시오(눈금 칸수 통일 적용)

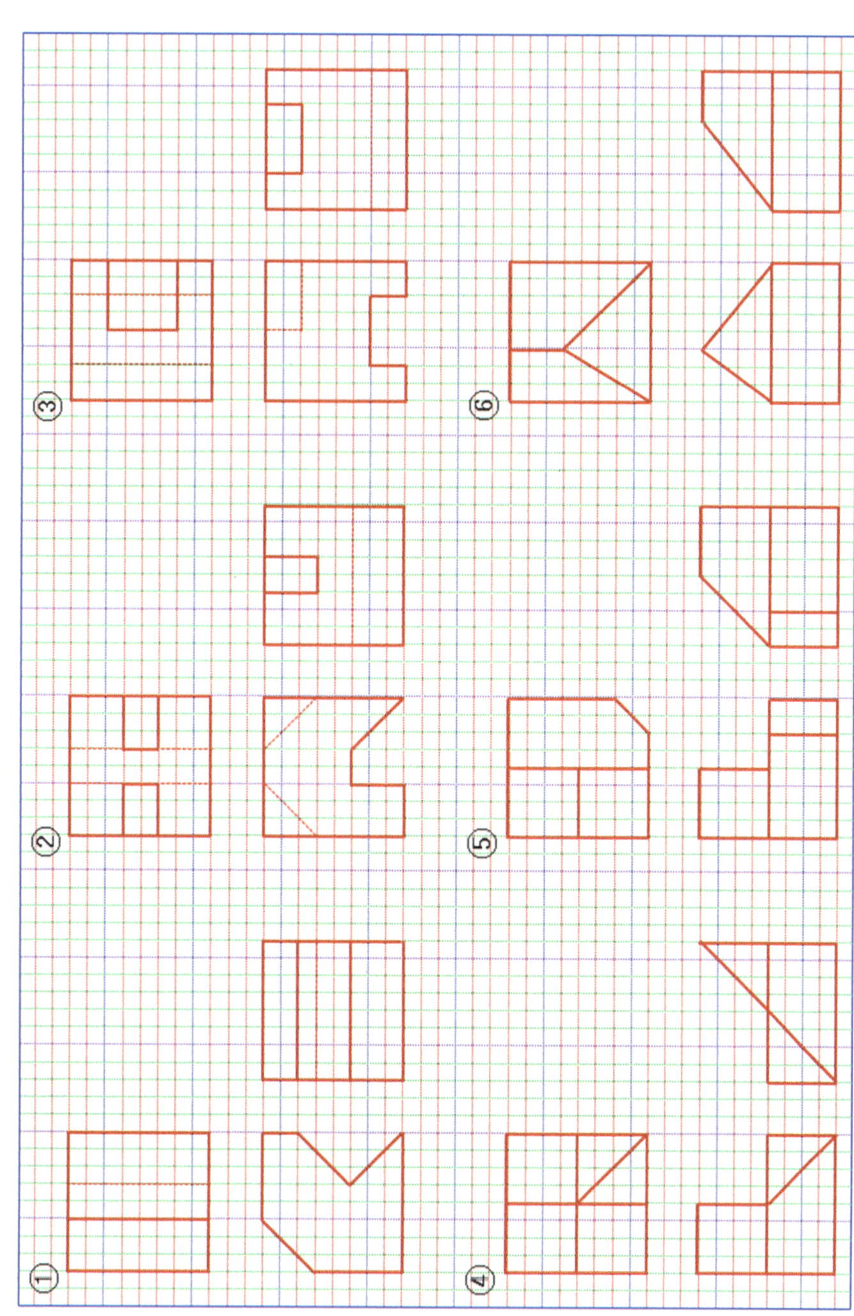

제도실습　**14) 도면 : 정투상도를 등각도로 그리기(d)**

실습 방법 : ①~⑥의 정투상도를 보고 사선방안지에 등각도로 그리시오(눈금 간수 동일 적용)

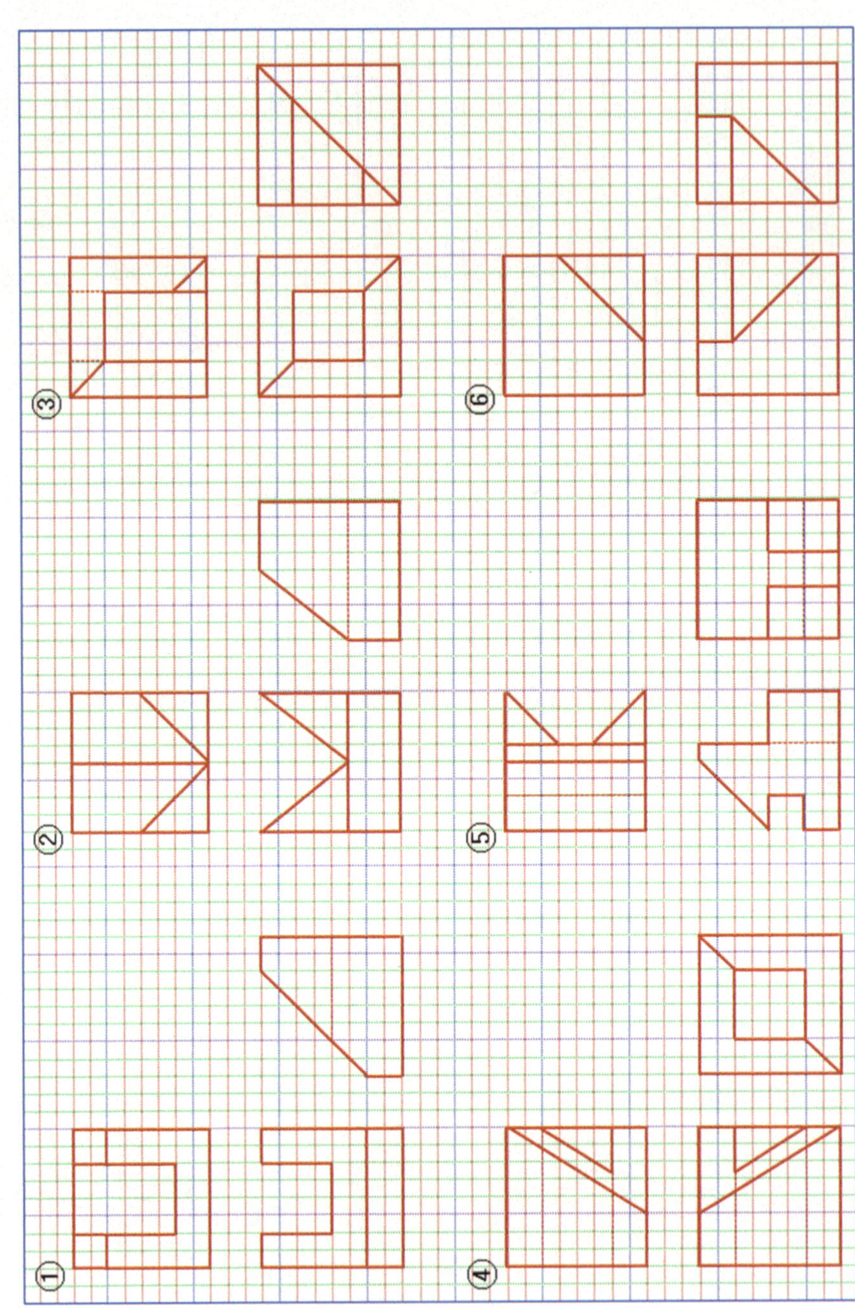

15) 정투상도를 등각도로 그리기(e)

제도실습

15) 도면 : 정투상도를 등각도로 그리기(e)

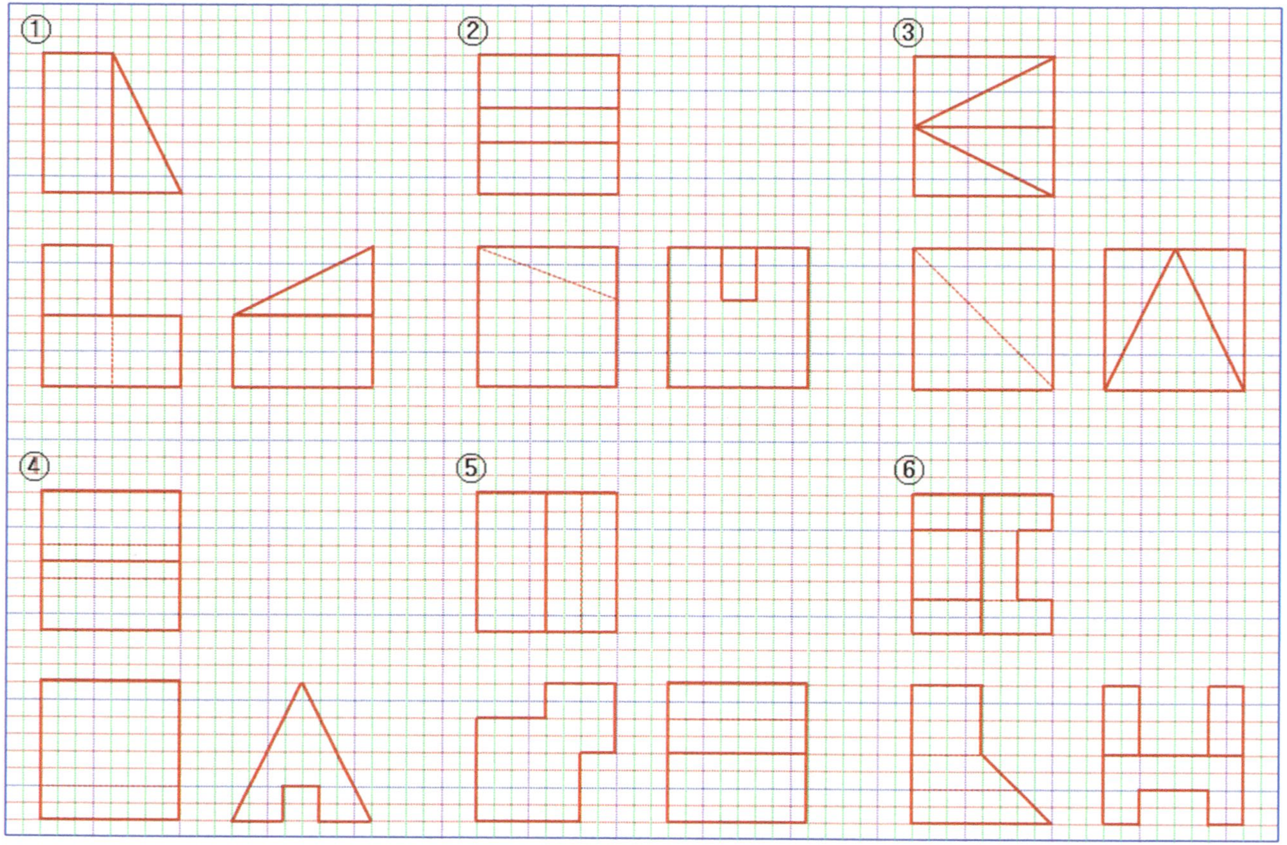

16) 도명 : 등각도를 정투상한 후 치수 기입하기

방법 : ①~⑥ 등각도를 화살표 방향을 정면도로 하여 3면 투상하고 치수를 기입하시오. 방안지 눈금 한 칸은 5mm로 계산함

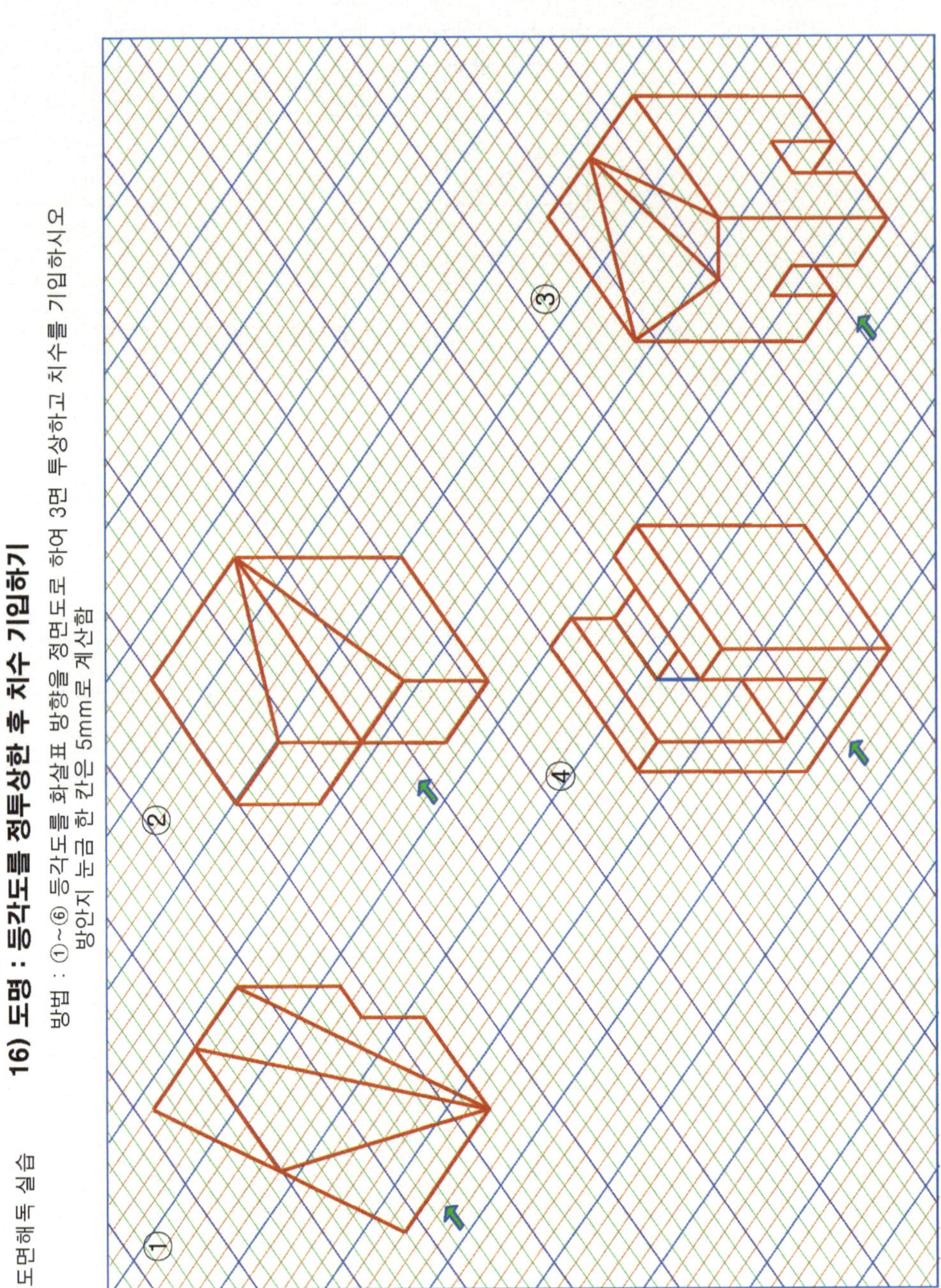

17) 등각도를 정투상 후 치수 기입하기(b)

도면해독 실습

17) 도명 : 등각도를 정투상 후 치수와 구멍 가공 방법 별법 기입하기

방법 : ①~⑥ 등각도를 화살표 방향을 정면도로 하여 3면 투상하고 치수를 기입하시오
방안지 눈금 한 칸은 5mm로 계산함

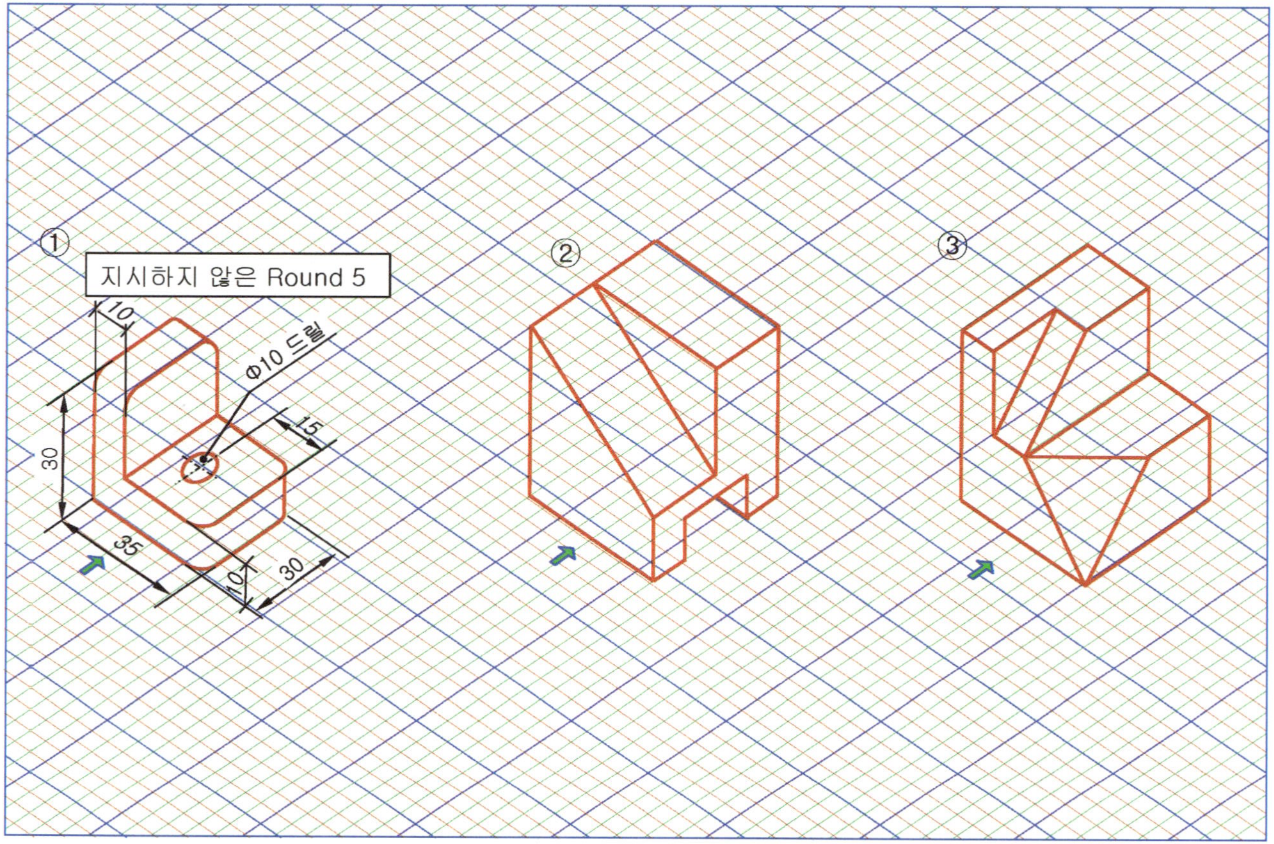

③

②

①

도면해독 실습

18) 도명 : 등각도를 정투상한 후 치수, 가공방법, 라운드 기입하기

방법 : ①~③ 등각도를 화살표 방향을 정면도로 하여 3면 투상하고 치수를 기입하시오

치수 : ①의 치수는 도면에 주어진 값으로 하고, ②~③ 방안지 눈금 한 칸은 5mm로 계산함

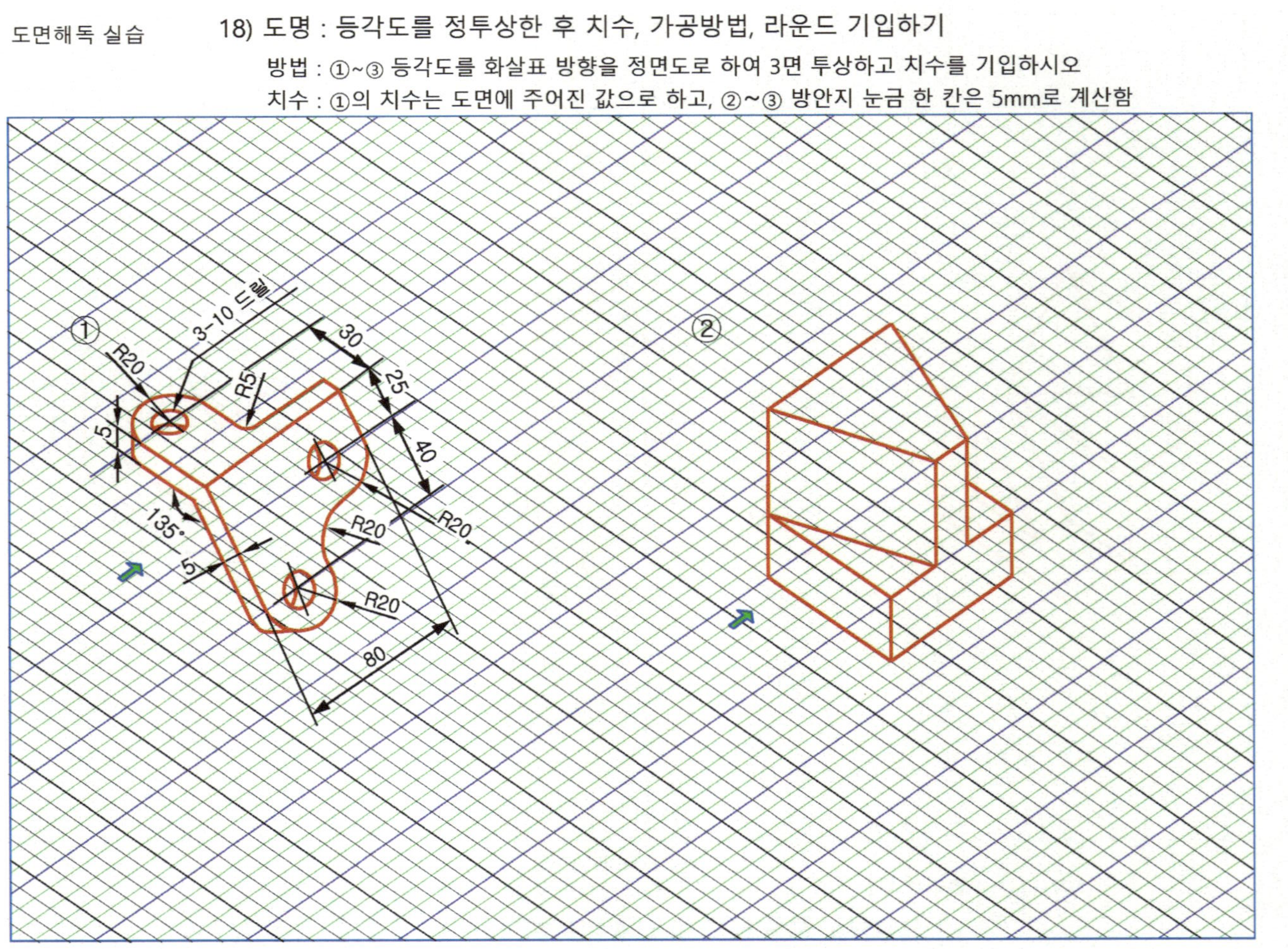

도면해독 실습　　**19) 도명 : Two hole plate의 단면투상, 절단경로 투상과 치수 기입하기**

★ 방안지 한 칸은 4 mm임

공통사항 : 현재 주어진 치수를 참고하여 다른 치수를 결정해서 투상 및 치수기입

① 부품 투상 방법 : 중앙에 녹색선을 절단방향으로 절단하여 단면 투상하되(정면도) 평면도는 대칭 투상할 것
② 부품 투상 방법 : 중앙에 녹색선의 절단 경로로 절단하여 단면 투상하고(정면도) 평면도는 절단 경로가 나타나도록 투상할 것

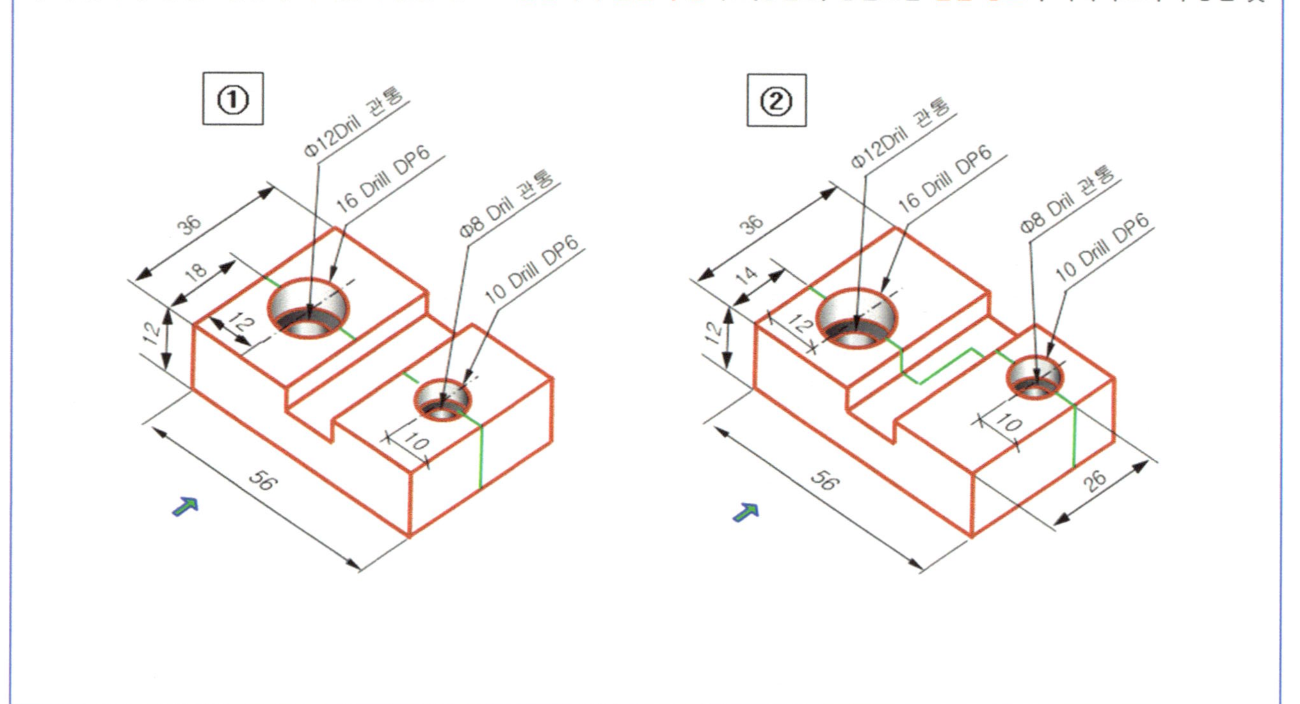

20) 등각투상도를 보고 3각법으로 정투상 3면투상 후 치수기입을 하시오.

- 3면투상도: 정면도(화살표 방향), 평면도, 우측면도
- 3면도의 도면 공간 배치 시에 치수기입 요소와 방향 등을 미리 잘 고려할 것
- 투상 시 특수투상이 필요한 곳은 스스로 판단하여 최대한 표현하여서 그릴 것
- 투상도는 필요한 부위에 치수를 기입하여 최종 완성할 것(중복기입 하지 않음)
- 표제란: 폭 180, 각 한 행의 높이는 8

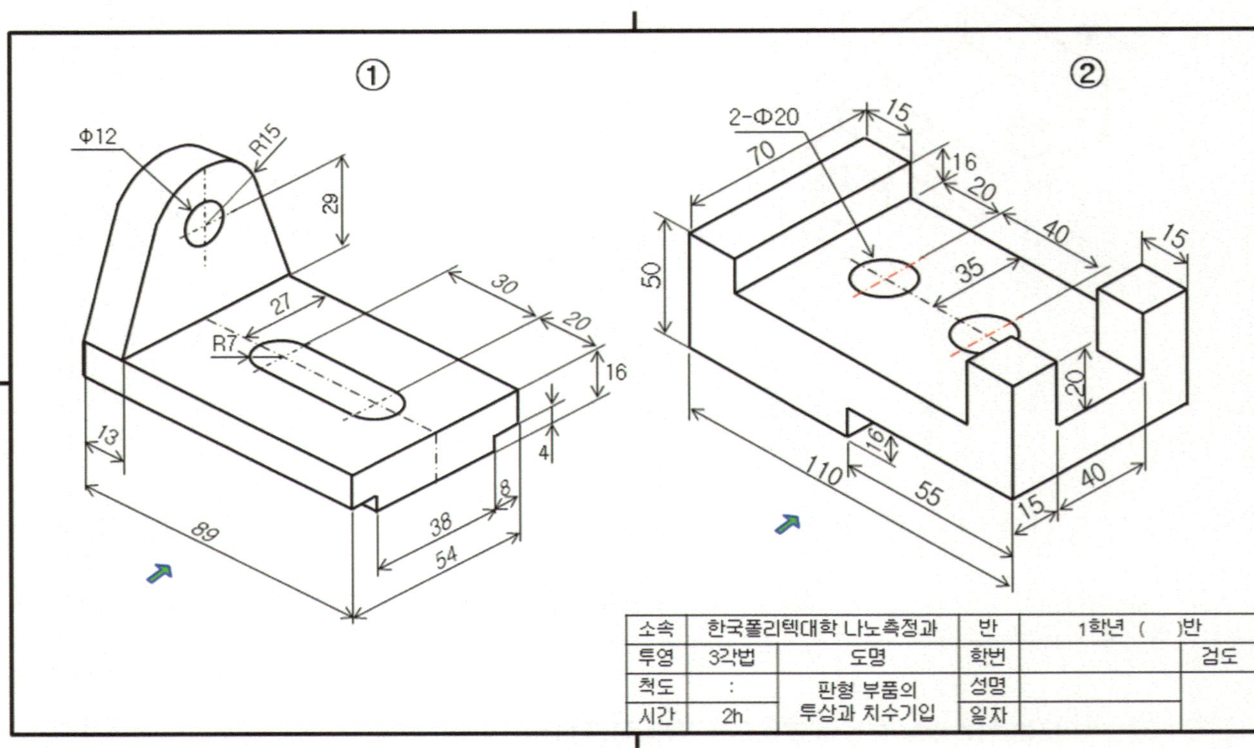

소속	한국폴리텍대학 나노측정과	반	1학년 ( )반	
투영	3각법	도명	학번	검도
척도	:	판형 부품의	성명	
시간	2h	투상과 치수기입	일자	

20) 답지(①)

문제20(①)

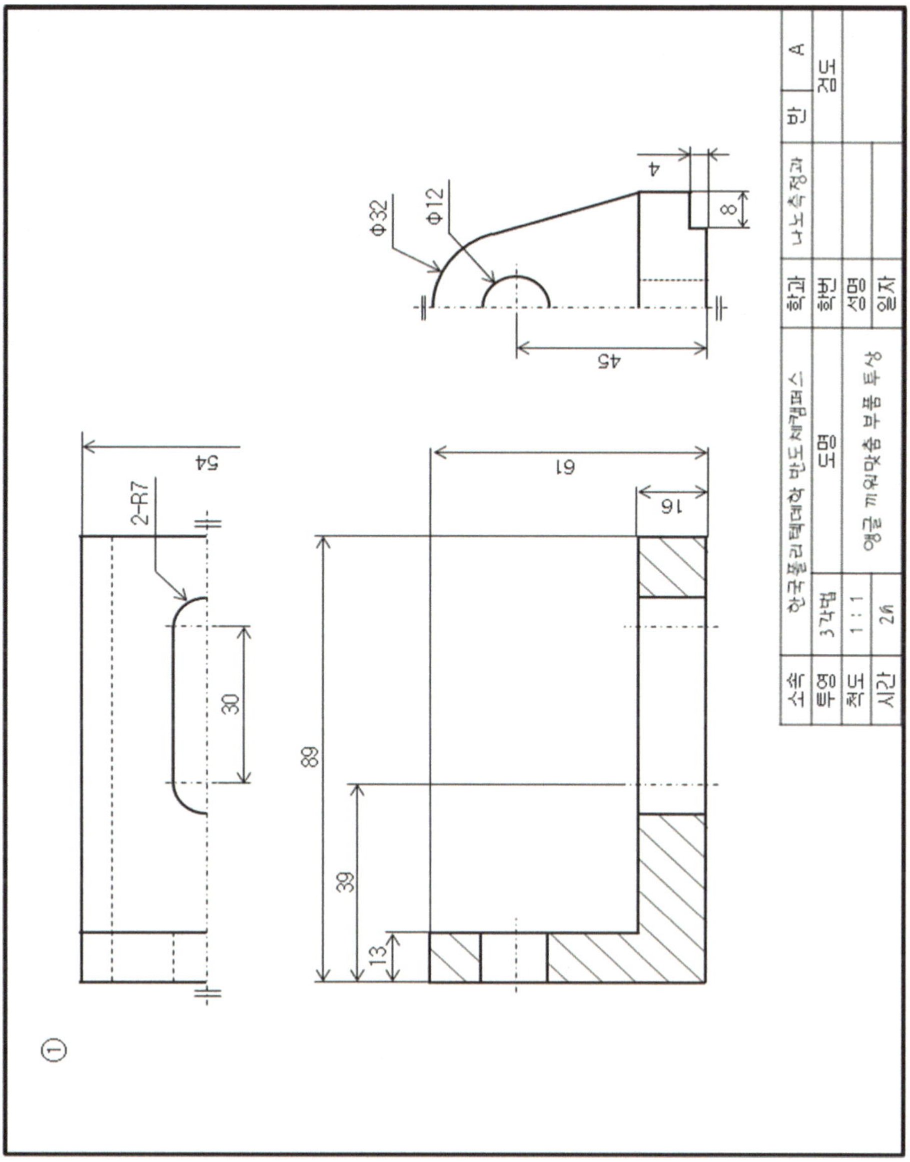
①
Φ32
Φ12
4
8
45
54
2-R7
30
61
16
89
39
13
소속
한국폴리텍대학 반도체캠퍼스
학과
나노측정과
반
A
투영
3각법
도명
학번
검도
척도
1 : 1
앵글 끼워맞춤 부품 투상
성명
시간
일자

답지

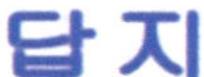

20) 답지(②)

문제20(②)

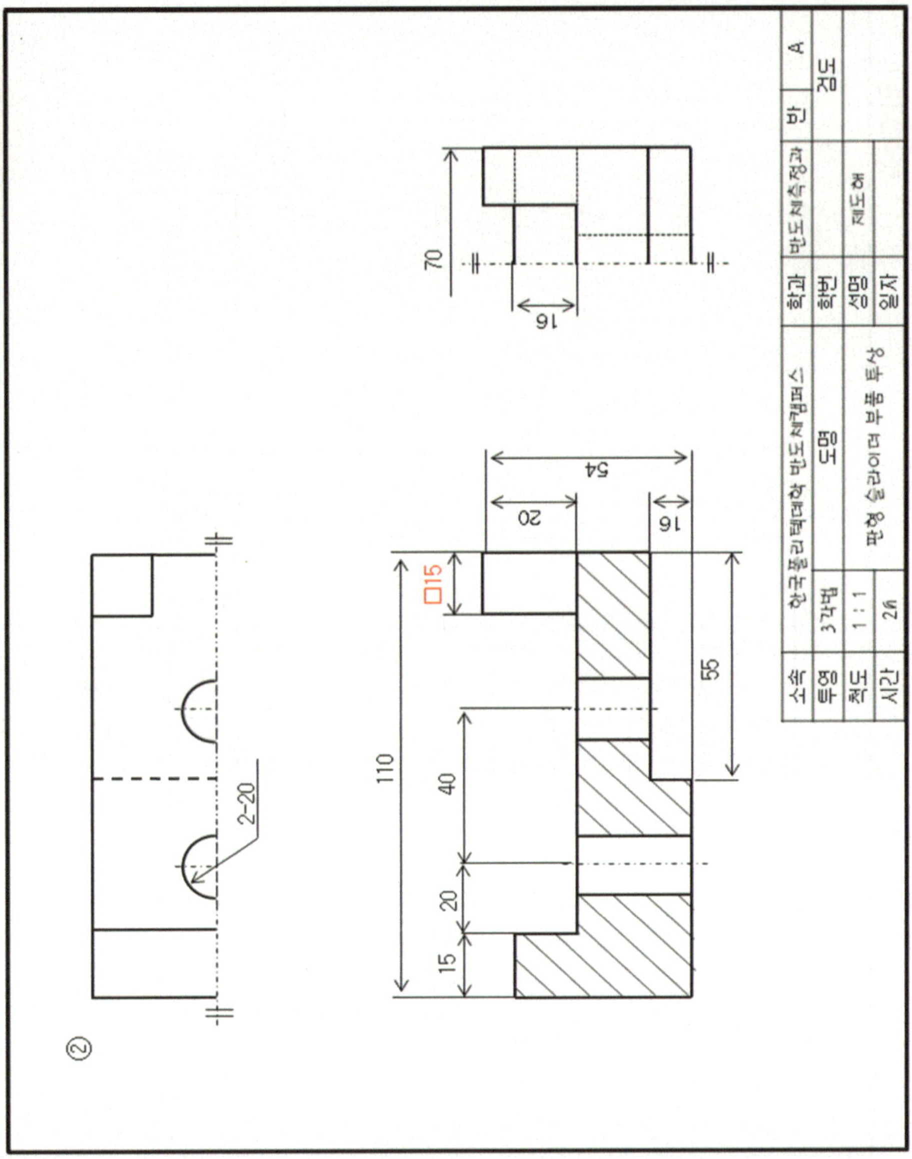
②
2-20
110
40
20
15
□15
20
54
16
55
70
16
소속
한국폴리텍대학 반도체캠퍼스
학과
반도체측정과
반
A
투영
3각법
도명
학번
검도
척도
1 : 1
판형 슬라이더 부품 투상
성명
제도자
시간
2h
일자

답지

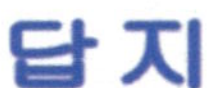

21) 도명 : 「3단 회전축」 투상에 치수 기입과 기하공차 부여

도면해독 실습

투상 및 치수 기입하기

○ 투상 방법[1단계] : 전체를 나타내는 투상으로 하여 정면도 투상

※ 공통사항 : 날카로운 모서리에 지시하지 않은 모떼기 0.3 적용

①		• **형상 및 치수, 투상 시 나타낼 사항(기하공차 등) 설명** 3단 직경의 회전축으로 된 제품 좌측단 직경 Φ30, 중앙 직경 Φ50, 우측단 직경 Φ40 좌측 Φ30 요소 길이 20, 중앙 Φ50 요소 길이 40, 우측 Φ40요소 길이 60 좌측 Φ30의 축심을 데이텀 A로 지정, 우측 Φ40의 축심을 데이텀 B로 지정 가운데 Φ50 요소에 흔들림(원주흔들림)을 설정할 것 데이텀 A , 데이텀 B에 의한 공통데이텀 설정, 흔들림 최대허용치 0.01
②		• **형상 및 치수, 투상 시 나타낼 사항(기하공차 등) 설명** 2단 외측 직경과 내측에 관통구멍이 있는 회전축 제품 관통하는 내경의 좌우측 끝에는 모떼기 5로 모서리를 가공하였음 좌측 외경 Φ60, 우측 외경 Φ50, 관통하는 내경 Φ10 좌측 Φ60 요소의 길이 10, 우측 Φ50요소의 길이 40 외경 Φ50에 동심도를 설정함, 내경 Φ10 요소를 데이텀으로 설정, 동심도 허용치 0.02

21) 도명 : 「3단 회전축」 투상에 치수 기입과 기하공차 부여

도면해독 실습

투상 및 치수 기입하기

○ 투상 방법[2단계] : 정면도와 우측면도를 대칭으로 투상

※ 공통사항 : 날카로운 모서리에 지시하지 않은 모떼기 0.3 적용

①		• **형상 및 치수, 투상 시 나타낼 사항(기하공차 등) 설명** 3단 직경의 회전축으로 된 제품 좌측단 직경 Φ30, 중앙 직경 Φ50, 우측단 직경 Φ40 좌측 Φ30 요소 길이 20, 중앙 Φ50 요소 길이 40, 우측 Φ40요소 길이 60 좌측 Φ30의 축심을 데이텀 A로 지정, 우측 Φ40의 축심을 데이텀 B로 지정 가운데 Φ50 요소에 흔들림(원주흔들림)을 설정할 것 데이텀 A , 데이텀 B에 의한 공통데이텀 설정, 흔들림 최대허용치 0.01
②		• **형상 및 치수, 투상 시 나타낼 사항(기하공차 등) 설명** 2단 외측 직경과 내측에 관통구멍이 있는 회전축 제품 관통하는 내경의 좌우측 끝에는 모떼기 5로 모서리를 가공하였음 좌측 외경 Φ60, 우측 외경 Φ50, 관통하는 내경 Φ10 좌측 Φ60 요소의 길이 10, 우측 Φ50요소의 길이 40 외경 Φ50에 동심도를 설정함, 내경 Φ10 요소를 데이텀으로 설정, 동심도 허용치 0.02

21) 도명 : 「3단 회전축」 투상에 치수 기입과 기하공차 부여

도면해독 실습

투상 및 치수 기입하기

○ 투상 방법[3단계] : 정면도를 대칭투상과 단면투상을 적용해 그리고 우측면도는 대칭 투상

[3단계] 추가 사항_ 부품① 정면도에서 오른쪽 원통 축심에 진직도를 0.02 부여

※ 공통사항 : 날카로운 모서리에 지시하지 않은 모떼기 0.3 적용

①	• **형상 및 치수, 투상 시 나타낼 사항(기하공차 등) 설명** 3단 직경의 회전축으로 된 제품 좌측단 직경 Φ30, 중앙 직경 Φ50, 우측단 직경 Φ40 좌측 Φ30 요소 길이 20, 중앙 Φ50 요소 길이 40, 우측 Φ40요소 길이 60 좌측 Φ30의 축심을 데이텀 A로 지정, 우측 Φ40의 축심을 데이텀 B로 지정 가운데 Φ50 요소에 흔들림(원주흔들림)을 설정할 것 데이텀 A , 데이텀 B에 의한 공통데이텀 설정, 흔들림 최대허용치 0.01
②	• **형상 및 치수, 투상 시 나타낼 사항(기하공차 등) 설명** 2단 외측 직경과 내측에 관통구멍이 있는 회전축 제품 관통하는 내경의 좌우측 끝에는 모떼기 5로 모서리를 가공하였음 좌측 외경 Φ60, 우측 외경 Φ50, 관통하는 내경 Φ10 좌측 Φ60 요소의 길이 10, 우측 Φ50요소의 길이 40 외경 Φ50에 동심도를 설정함, 내경 Φ10 요소를 데이텀으로 설정, 동심도 허용치 0.02

답지

문제21(1단계)

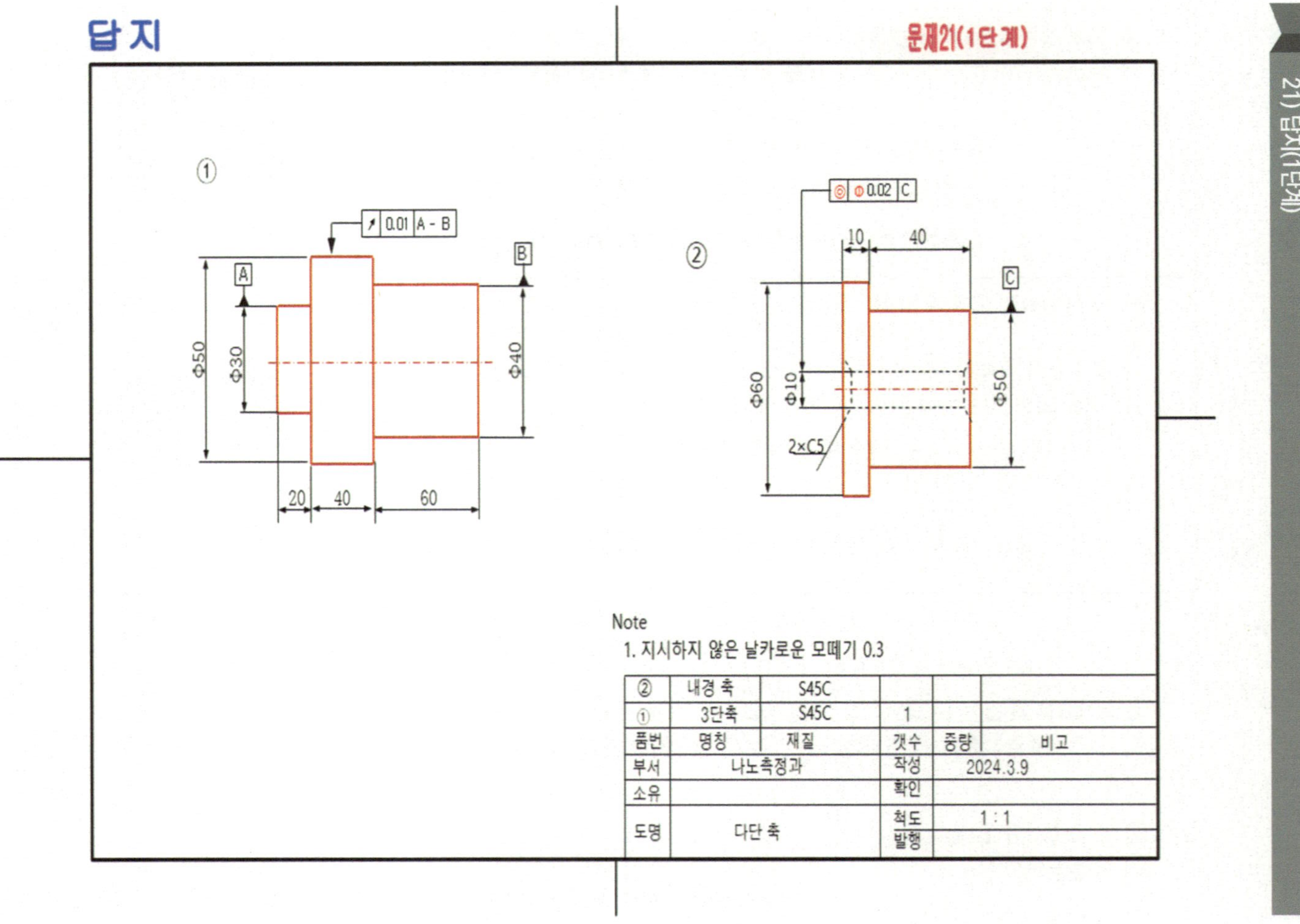

②	내경 축	S45C			
①	3단축	S45C	1		
품번	명칭	재질	갯수	중량	비고
부서	나노측정과		작성	2024.3.9	
소유			확인		
도명	다단 축		척도	1 : 1	
			발행		

답 지

문제21(2단계)

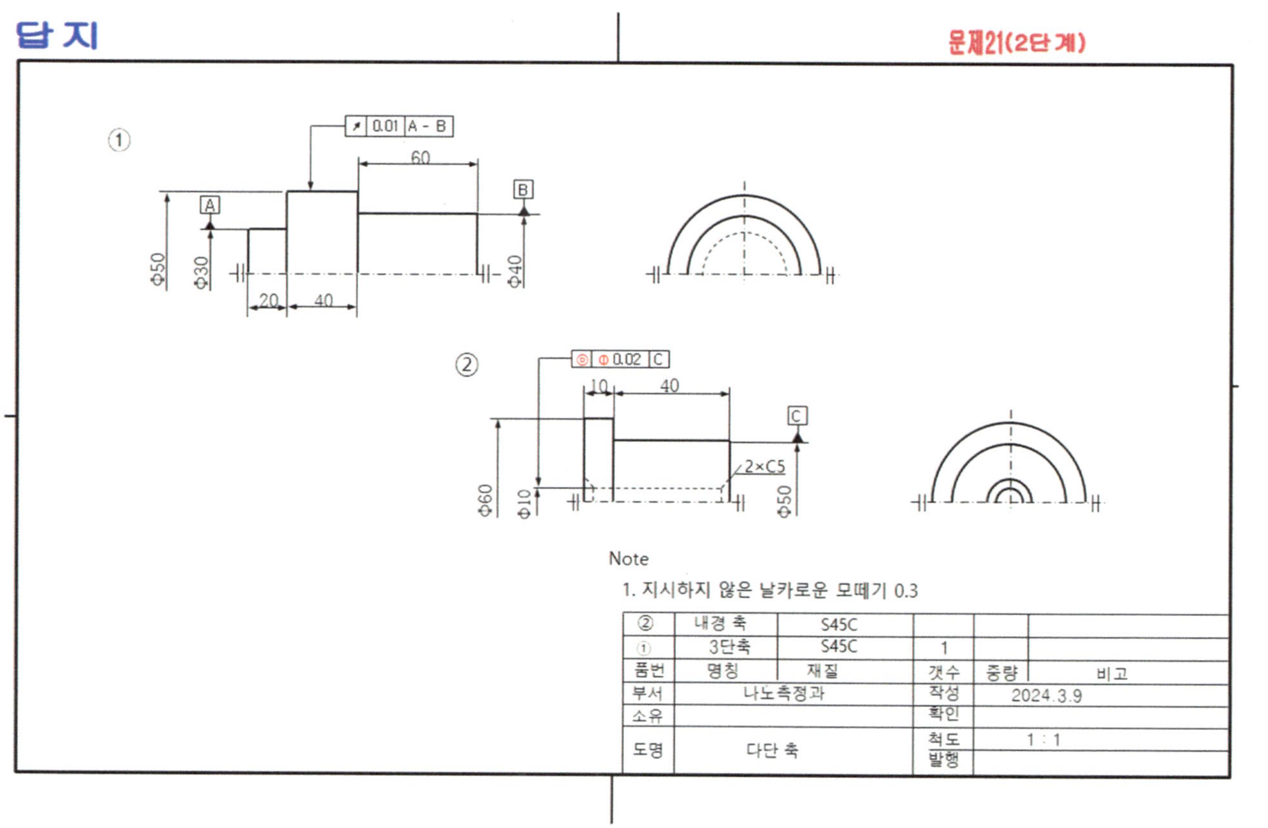

품번	명칭	재질	갯수	중량	비고
②	내경 축	S45C			
①	3단축	S45C	1		
부서	나노측정과		작성	2024.3.9	
소유			확인		
도명	다단 축		척도	1 : 1	
			발행		

답지

문제21(3단계)

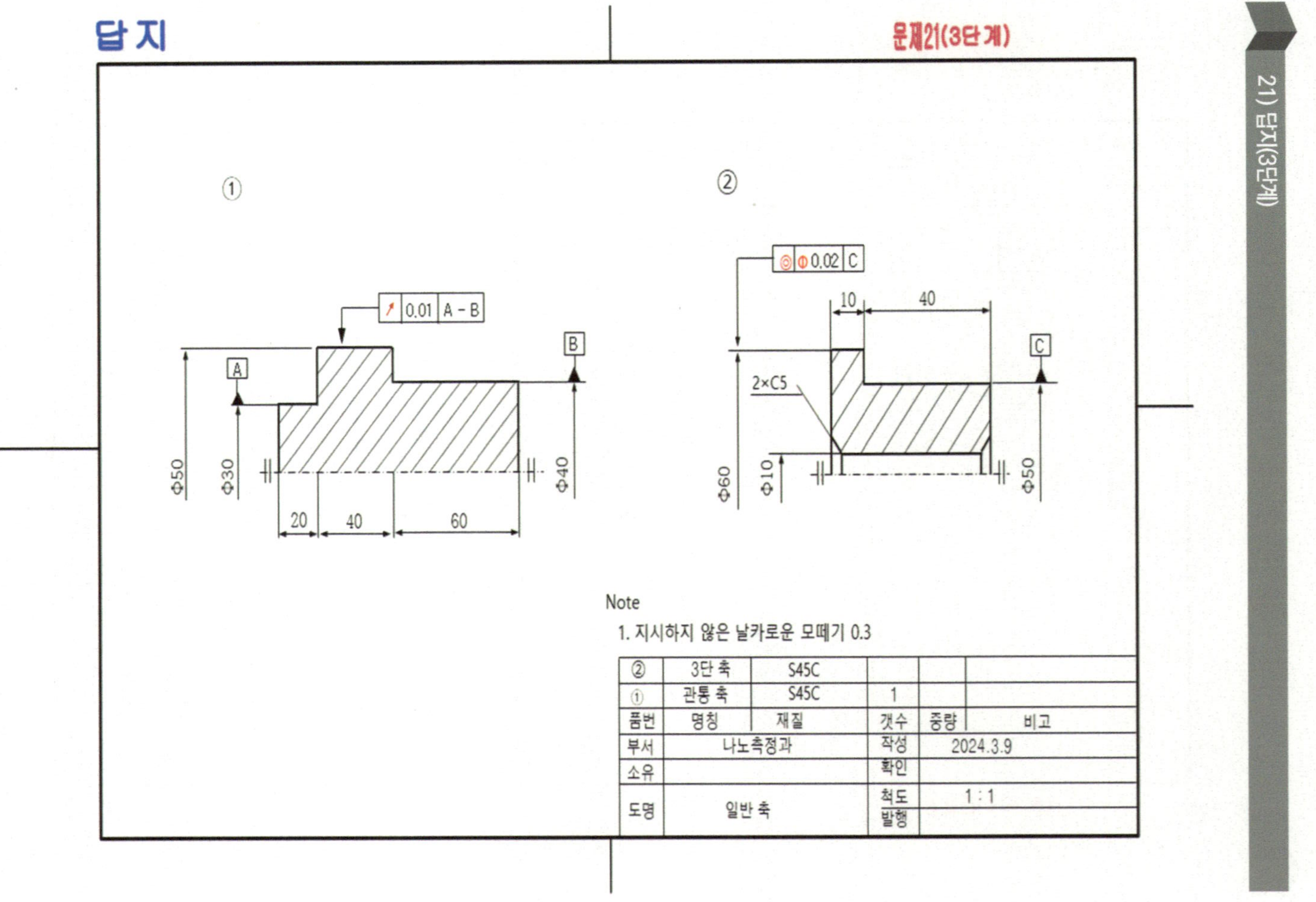

Note

1. 지시하지 않은 날카로운 모떼기 0.3

②	3단 축	S45C			
①	관통 축	S45C	1		
품번	명칭	재질	갯수	중량	비고
부서	나노측정과		작성	2024.3.9	
소유			확인		
도명	일반 축		척도	1 : 1	
			발행		

22) 도면 : 제품 투상 후 치수공차 설정과 기하공차 부여

- 대칭투상(또는 대칭투상&단면투상)으로 정면도 투상 후 치수와 (치수)공차를 기입할 것
- 적용할 (차수)공차는 부품별 기준치수, 공차등급 참조하여 KS 에서 선정)
- 정면도에 추가로 우측면도 필요한지 각자 판단하여 필요시 투상
- 공차 표기 방법 : 길이와 직경에 대한 (치수)공차 모두 KS B ISO 2768-1을 적용

※ 공통사항 : 날카로운 모서리에 지시하지 않은 모떼기 0.3

①		🔲 요소별 치수 : 좌측부터 차례로 직경 Φ20, Φ40, Φ50, Φ30, 길이 20, 80, 8, 50 🔲 Φ20, Φ50, Φ30 요소는 중간급(m) 공차등급의 치수공차 적용 🔲 직경 Φ40은 정밀조립 요소로 정밀급(f) 공차 등급 적용 🔲 정밀조립 할 곳에는 (치수) 공차의 10%를 진원도 공차를 지정할 것
②		🔲 원통요소 직경 Φ 60, 길이20, 사각형면 4곳 □20×80 🔲 제품전체 요소는 중간급(m) 공차등급의 치수공차 적용 🔲 사각형면 20×80의 4면에 평면도 지정, 평면도 0.2

※ 참고자료 : KS B ISO 2768-1의 「모따기를 제외한 선 치수에 대한 허용 편차」

공차 등급		기준치수 범위에 대한 허용 편차(단위:mm)						
호칭	설명	0.5 이상 3 이하	3 초과 6 이하	6 초과 30 이하	30 초과 120 이하	120 초과 400 이하	400 초과 1000 이하	1000 초과 2000 이하
f	정밀급	±0.05	±0.05	±0.1	±0.15	±0.2	±0.3	±0.5
m	중간급	±0.1	±0.1	±0.2	±0.3	±0.5	±0.8	±1.2
c	거친급	±0.2	±0.3	±0.5	±0.8	±1.2	±2	±3
v	매우 거친급	-	±0.5	±1	±1.5	±2.5	±4	±6

문제22

답지

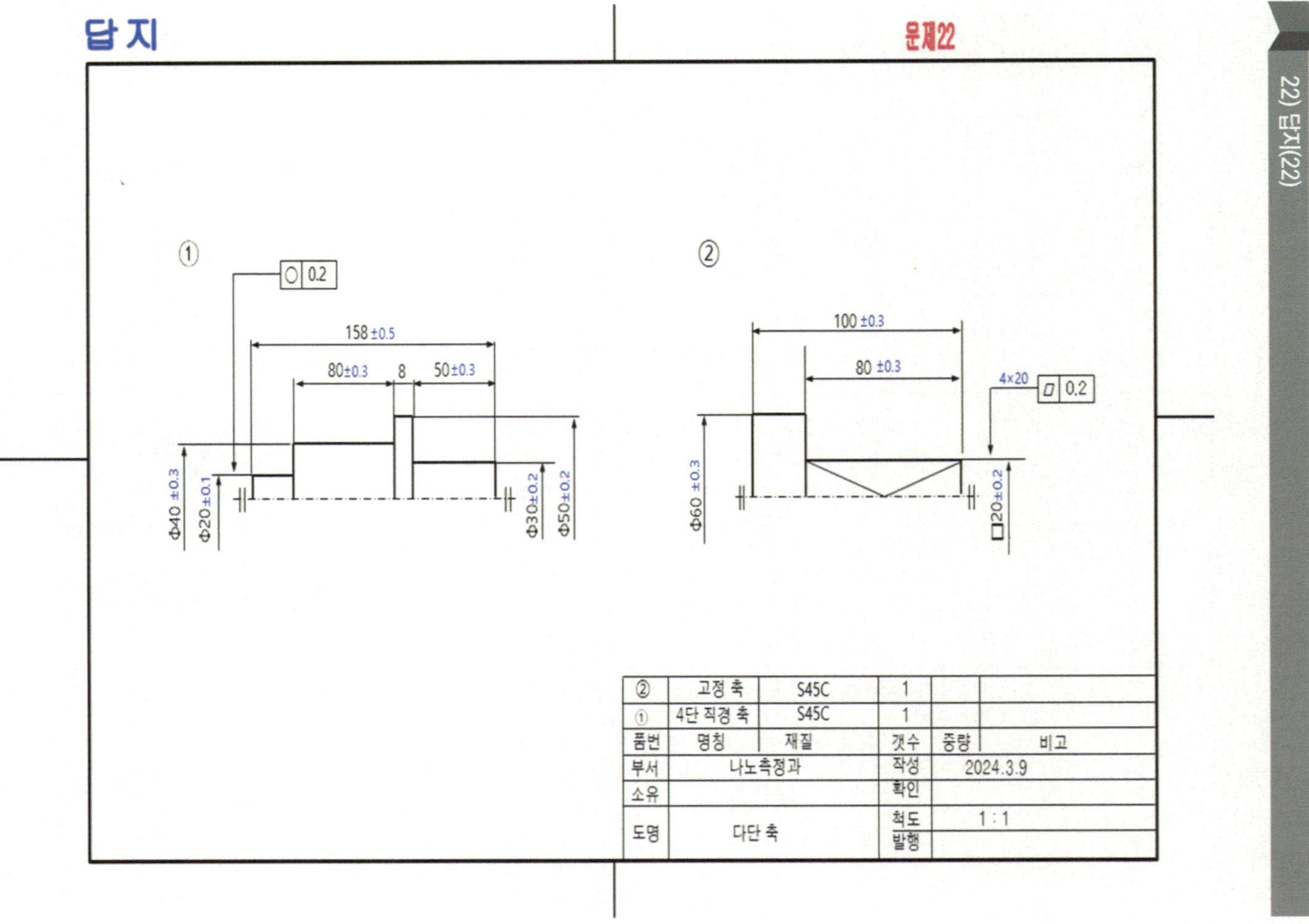

②	고정 축	S45C	1		
①	4단 직경 축	S45C	1		
품번	명칭	재질	갯수	중량	비고
부서	나노측정과		작성	2024.3.9	
소유			확인		
도명	다단 축		척도	1 : 1	
			발행		

기계제도와 도면해독

초판발행 2024년 04월 25일
개정발행 2025년 10월 17일
지은이 호춘기 · 김보영 · 윤양희
펴낸이 노소영
펴낸곳 도서출판 마지원
등록번호 제559-2016-000004
전화 031)855-7995
팩스 02)2602-7995
주소 서울 강서구 마곡중앙로 171
http://blog.naver.com/wolsongbook

ISBN | 979-11-92534-68-8 (93550)

정가 22,000원